Horticulture & BIG DATA Interpretation

원예와 빅데이터 해석

저자 **조영열**

preface

머리말

저자 **조영열**

스마트팜에서 중요한 기술 중 하나는 빅데이터 해석입니다. 그러나 누구나 쉽게 해석하기에는 어려운 분야입니다. 스마트팜 전문가가 되기 위해서는 많은 시간과 노력이 필요합니다. 그러나 예제 중심으로 학습하면 이러한 노력을 줄일 수 있을 것입니다. ChatGPT와 같은 인공지능이 개방되면서 프로그램 개발이 더욱 간편해져 비전공자도 쉽게 접근할 수 있게 되었습니다.

이 책은 간단한 프로그램을 활용하여 다양한 응용 프로그램을 만드는 방법을 소개합니다. 예를 들어, 온도와 습도를 측정하기 위해서는 센서와 계측기가 필요합니다. 이러한 장비들은 환경을 정확하게 측정할 수 있지만, 데이터를 컴퓨터나 스마트폰에서 실시간으로 확인할 수 있는 프로그램이 있다면 훨씬 편리할 것입니다. 더 나아가 환경 데이터를 컴퓨터에 저장하고, 저장된 데이터를 분석할 수 있다면 작물의 생육 환경을 개선할 수 있을 것입니다.

작물에 대한 빅데이터를 해석함으로써, 컴퓨터나 스마트폰을 이용해 환경을 제어할 수 있다면 더욱 효과적일 것입니다. 인공지능을 활용해 이러한 기능을 자동화한다면 그 효율성은 더욱 뛰어날 것입니다. 저자가 지향하는 방향은 자율적인 농업 재배 체계 구축 기술입니다. 이 책은 이러한 기술을 완성하기 위한 첫걸음으로서, 다양한 프로그램을 통합하여 하나의 유기적 시스템으로 발전시킬 가능성을 제시합니다. 스마트팜에 관심 있는 사람들에게 큰 도움이 될 것입니다.

2024년 10월

contents

목차

01 광합성 모델	6	14 Pygame 기본 프로그램	88
02 배 개화기 예측	12	15 Hello World	90
03 생육 예측	20	16 이미지 붙이기	92
04 상추 생육	30	17 이미지 크기 변경하기	94
05 오이과실 생육	35	18 키보드 이벤트	96
06 증발산 예측	38	19 마우스 이벤트	98
07 토양 관수량 계산	43	20 온습도 측정하기	100
08 환경 예측	47	21 온습도 환경 계측과 제어하기	104
09 수분함량 저장	52	22 카메라 기능 추가하기	110
10 바질 생육 예측	59	23 생육 모델링	114
11 착색 단고추 색깔 분류	66	24 생육 모델링 배경이미지	119
12 착색 단고추 과중	71	25 생육 모델링 파일 저장하기	124
13 꽃 이미지 추출	76		

1 광합성 모델

환경요인(온도, 질소함량, 일사량 및 이산화탄소 농도)에 따른 오이의 광합성을 수학적인 방법으로 모델링하는 프로그램입니다.

출처
Journal of Bio-Environment Control, 9(3):171-178

제목
Mathematical Models of Photosynthetic Rate of Hydroponically Grown Cucumber Plants as Affected by Light Intensity, Air Temperature, Carbon Dioxide and Leaf Nitrogen Content

계산식

$$GPR = 18.6884 \cdot \frac{PPF}{(338.672+PPF)}$$

$$GPR = 19.071 \cdot (1 - 1.3704 \cdot e^{(-0.0571 \cdot T)})$$

$$GPR = 19.6385 \cdot \frac{CO_2}{(401.9447+CO_2)}$$

$$GPR = \frac{24.747}{(1+6.035 \cdot e^{(-0.3689 \cdot N)})}$$

$$GPR = 4.1485 \cdot (1 - 40.9673 \cdot e^{(-0.4552 \cdot T)}) \cdot (1 - 0.8493 \cdot e^{(-0.0027 \cdot PPF)})$$

$$GPR = 50.149 \cdot \frac{PPF}{(501.437+PPF)} \cdot \frac{CO_2}{(316.114+CO_2)}$$

$$GPR = 20.214 \cdot (1 - 9.081 \cdot e^{(-0.3211 \cdot T)}) \cdot \frac{CO_2}{(363.3+CO_2)}$$

$$GPR = 38.878 \cdot (1 - 4.1942 \cdot e^{(-0.2256 \cdot T)}) \cdot \frac{PPF}{(253.993+PPF)} \cdot \frac{CO_2}{(373.663+CO_2)}$$

$$GPR = 56.046 \cdot (1 - 4.194 \cdot e^{(-0.226 \cdot T)}) \cdot \frac{L}{(253.99+L)} \cdot \frac{C}{(373.66+C)} \cdot \frac{1}{(1+5.345 \cdot e^{(-0.423 \cdot N)})}$$

GPR
gross photosynthetic rate, $\mu mol\ CO_2 \cdot m^{-2} \cdot s^{-1}$

PPF
light intensity, $\mu mol \cdot m^{-2} \cdot s^{-1}$

T
air temperature, ℃

CO_2
CO_2 concentration, $\mu mol \cdot mol^{-1}$

N
leaf nitrogen content (%)

프로그램 코드

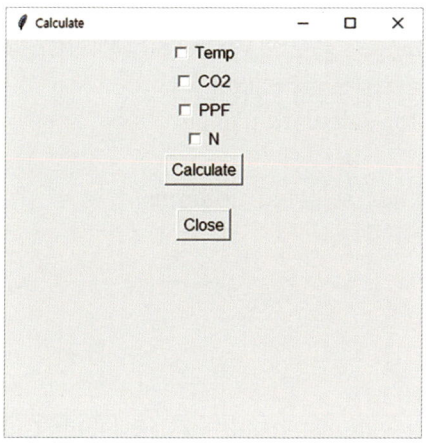 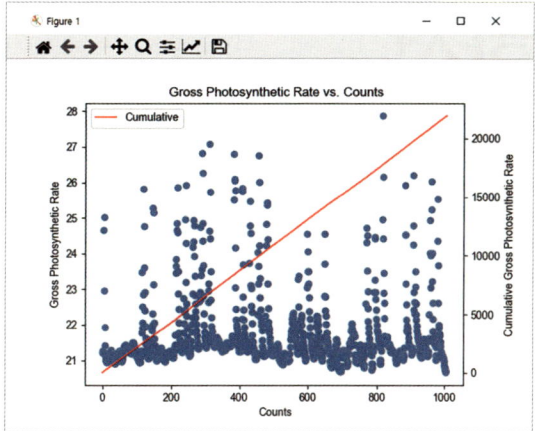

```python
import tkinter as tk
import pandas as pd
from math import exp
import matplotlib.pyplot as plt
import numpy as np
from tkinter import font as tkfont
import matplotlib

def calculate():
    result = ""
    cumulative_values = []  # 누적 결과 값

    selected_columns = []
    if var1.get() == 1:
        selected_columns.append('Temp')
    if var2.get() == 1:
        selected_columns.append('CO2')
    if var3.get() == 1:
        selected_columns.append('PPF')
    if var4.get() == 1:
        selected_columns.append('N')

    if len(selected_columns) >= 1:
        try:
            result += "Gross Photosynthetic Rates:\n"
```

프로그램 코드

```python
            values = df.loc[df[selected_columns].notnull().all(axis=1), selected_columns]

        if len(values) == 0:
            result = "Error: No valid data points for calculation\n"
        else:
            result_values = calculate_formula(values, selected_columns)

            if len(result_values) > 0:
                # Plotting the values
                if None not in result_values:
                    if len(selected_columns) > 1:
                        plt.scatter(np.arange(len(result_values)), result_values, label="Calculated")
                        cumulative_values = np.cumsum(result_values)  # 누적 결과 값 계산
                        result += f"Calculated: Based on {', '.join(selected_columns)}\n"
                    else:
                        plt.scatter(np.arange(len(result_values)), result_values, label="Calculated")
                        cumulative_values = np.cumsum(result_values)  # 누적 결과 값 계산
                        result += f"{selected_columns[0]}: Calculated\n"

                    plt.xlabel('Counts')
                    plt.ylabel('Gross Photosynthetic Rate')
                    plt.title('Gross Photosynthetic Rate vs. Counts')

                    # 누적 결과 값을 제2 y축에 표기
                    ax2 = plt.twinx()
                    ax2.plot(np.arange(len(result_values)), cumulative_values, color='red', label='Cumulative')
                    ax2.set_ylabel('Cumulative Gross Photosynthetic Rate')

                    plt.legend()
                    plt.show()
                else:
                    result = "Error: No calculated values\n"

            else:
                result = "Error: No calculated values\n"

    except ValueError as e:
```

```python
            result = str(e)  # Update the result with the error message
        else:
            result = "Error: Select at least one column for calculation\n"
    # Update the result variable
    result_var.set(result)

def calculate_formula(values, columns):
    result_values = []

    for _, row in values.iterrows():
        result = None
        calculated = False  # Variable to check if any calculation is performed for a row

        if 'Temp' in columns:
            result = 19.071 * (1 - 1.3704 * exp(-0.0571 * row['Temp']))
            calculated = True
        if 'CO2' in columns:
            result = 19.6385 * row['CO2'] / (401.9447 + row['CO2'])
            calculated = True
        if 'PPF' in columns:
            result = 18.6884 * row['PPF'] / (338.672 + row['PPF'])
            calculated = True
        if 'N' in columns:
            result = 24.747 * (1 + 6.085 * exp(-0.3689 * row['N']))
            calculated = True

        # Additional calculation formulas
        if len(columns) > 1:
            if 'Temp' in columns and 'CO2' in columns and 'PPF' in columns and 'N' in columns:
                result += 56.046 * (1 - 4.1942 * exp(-0.226 * row['Temp'])) * (row['PPF'] / (253.993 + row['PPF'])) * (
                        row['CO2'] / (373.663 + row['CO2'])) * (1 / (1 + 5.345 * exp(-0.423 * row['N'])))
                calculated = True
            elif 'Temp' in columns and 'CO2' in columns and 'PPF' in columns:
                result += 38.878 * (1 - 4.1942 * exp(-0.226 * row['Temp'])) * (row['PPF'] / (253.993 + row['PPF'])) * (
```

프로그램 코드

```
                row['CO2'] / (373.663 + row['CO2']))
            calculated = True
        elif 'Temp' in columns and 'CO2' in columns:
            result += 20.214 * (1 - 9.081 * exp(-0.3211 * row['Temp'])) * (row['CO2'] / (363.3 + row['CO2']))
            calculated = True
        elif 'Temp' in columns and 'PPF' in columns:
            result += 4.1485 * (1 - 409673 * exp(-0.4552 * row['Temp'])) * (
                1 - 0.8493 * exp(-0.0027 * row['PPF']))
            calculated = True
        elif 'CO2' in columns and 'PPF' in columns:
            result += 50.149 * row['CO2'] * (501.437 + row['CO2']) * (row['PPF'] * (316.114 + row['PPF']))
            calculated = True
        else:
            result_values.append(None)
        if not calculated:
            result_values.append(None)
        else:
            result_values.append(result)

    return result_values


# 예시 데이터 프레임
df = pd.read_excel('D:/Data/GPR_data.xlsx')

# GUI 생성
root = tk.Tk()
root.title("Calculate")
root.geometry("400x300")  # 윈도우 창 크기 설정

# 폰트 설정
font_name = tkfont.Font(family="Arial", size=12).actual()['family']
matplotlib.rcParams['font.family'] = font_name
```

```
# 체크박스 생성
var1 = tk.IntVar()
check1 = tk.Checkbutton(root, text="Temp", variable=var1, font=(font_name, 12))
check1.pack()

var2 = tk.IntVar()
check2 = tk.Checkbutton(root, text="CO2", variable=var2, font=(font_name, 12))
check2.pack()

var3 = tk.IntVar()
check3 = tk.Checkbutton(root, text="PPF", variable=var3, font=(font_name, 12))
check3.pack()

var4 = tk.IntVar()
check4 = tk.Checkbutton(root, text="N", variable=var4, font=(font_name, 12))
check4.pack()

# 계산 버튼 생성
calculate_button = tk.Button(root, text="Calculate", command=calculate, font=(font_name, 12))
calculate_button.pack()

# 결과 텍스트 상자 생성
result_var = tk.StringVar()
result_label = tk.Label(root, textvariable=result_var, font=(font_name, 12))
result_label.pack()

# 종료 버튼 생성
close_button = tk.Button(root, text="Close", command=root.destroy, font=(font_name, 12))
close_button.pack()

# GUI 실행
root.mainloop()
```

2 배 개화기 예측

배(품종: 신고)의 첫 개화시기와 만개시기를 예측하는 프로그램입니다.

출처
한국농림기상학회지
11(2):61-71

제목
신고 배의 개화기 결정에 미치는 온도영향의 정량화

참고사항
작물: 배
품종: 신고
최저온도: 5.4 ℃
적정온도: 26.0 ℃
최고온도: 36.0 ℃
발아일 예측온도: -86.4 ℃
만개기 적산온도: 231.3 ℃

계산식

$0 \leq T_c \leq T_n \leq T_x$ $\quad C_d = 0$ $\quad\quad C_a = T_M \leq T_c$

$0 \leq T_n \leq T_c \leq T_x$ $\quad C_d = -\left[(T_m - T_n) - \left(\dfrac{T_x - T_c}{2}\right)\right]$ $\quad C_a = \dfrac{T_x - T_c}{2}$

$0 \leq T_n \leq T_x \leq T_c$ $\quad C_d = -(T_m - T_n)$ $\quad C_a = 0$

$T_n \leq 0 \leq T_x \leq T_c$ $\quad C_d = -\left(\dfrac{T_x}{T_x - T_n}\right)\left(\dfrac{T_x}{2}\right)$ $\quad C_a = 0$

$T_n \leq 0 \leq T_c \leq T_x$ $\quad C_d = -\left[\left(\dfrac{T_x}{T_x - T_n}\right)\left(\dfrac{T_x}{2}\right) - \left(\dfrac{T_x - T_c}{2}\right)\right]$ $\quad C_a = \dfrac{T_x - T_c}{2}$

Cd
chill day

Ca
anti-chill day

Tn
일중 최저온도 (℃)

Tc
기준 온도 (℃)

TM
일평균온도 (℃)

Tx
일중최대온도 (℃)

프로그램 코드

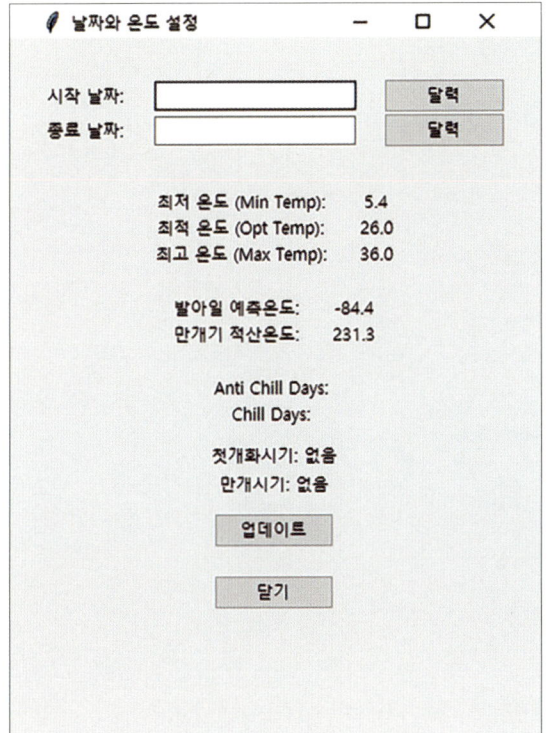
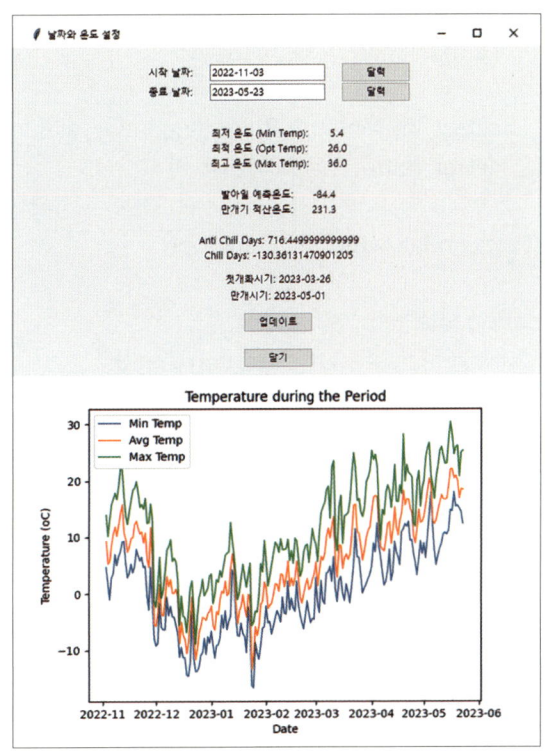

```
import tkinter as tk
import pandas as pd
from tkinter import ttk
from tkcalendar import Calendar
import matplotlib.pyplot as plt
from matplotlib.backends.backend_tkagg import FigureCanvasTkAgg
import datetime

def show_calendar(text_entry):
    def on_date_select():
        selected_date = cal.selection_get().strftime("%Y-%m-%d")
        text_entry.delete(0, tk.END)
        text_entry.insert(0, selected_date)
        calendar_window.destroy()

    calendar_window = tk.Toplevel()
    calendar_window.title("달력")
```

프로그램 코드

```python
cal = Calendar(calendar_window, selectmode="day", date_pattern="yyyy-mm-dd")
cal.pack(padx=20, pady=20)

select_button = ttk.Button(calendar_window, text="선택", command=on_date_select)
select_button.pack(pady=10)

calendar_window.mainloop()

def update_temperature():
    start_date = start_date_entry.get()
    end_date = end_date_entry.get()

    # 주요 온도 설정
    min_temp_value = 5.4
    opt_temp_value = 26.0
    max_temp_value = 36.0

    # 발아일 예측온도
    germination_temp = -84.4

    # 만개기 적산온도
    flowering_temp = 231.3

    # 엑셀 파일로부터 데이터 읽어오기
    df = pd.read_excel("D:/Data/Pear_Weather.xlsx")

    # 기간에 해당하는 데이터 추출
    mask = (df['날짜'] >= start_date) & (df['날짜'] <= end_date)
    filtered_df = df.loc[mask].copy()

    # 데이터 프레임의 날짜 열을 datetime 형식으로 변환
    filtered_df['날짜'] = pd.to_datetime(filtered_df['날짜'])

    # 최저온도, 평균온도, 최고온도 추출
    min_temp = filtered_df['최저온도']
    avg_temp = filtered_df['평균온도']
    max_temp = filtered_df['최고온도']
```

```
# 그래프 표시
fig, ax = plt.subplots()
ax.plot(filtered_df['날짜'], min_temp, label="Min Temp")
ax.plot(filtered_df['날짜'], avg_temp, label="Avg Temp")
ax.plot(filtered_df['날짜'], max_temp, label="Max Temp")
ax.set_xlabel("Date")
ax.set_ylabel("Temperature (oC)")
ax.set_title("Temperature during the Period")
ax.legend()

# 그래프를 tkinter 창에 표시
canvas = FigureCanvasTkAgg(fig, master=root)
canvas.draw()
canvas.get_tk_widget().pack()

# 주요 온도 범위에 대한 계산식 적용
chill_day = []
anti_chill_day = []
anti_chill_day_dates = []
chill_day_dates = []
flowering_dates = []
for i in filtered_df.index:
    if 0 <= min_temp_value <= filtered_df.loc[i, '최저온도'] <= filtered_df.loc[i, '최고온도']:
        chill_day.append(0)
        anti_chill_day.append(filtered_df.loc[i, '평균온도'] - min_temp_value)
    elif 0 <= filtered_df.loc[i, '최저온도'] <= min_temp_value <= filtered_df.loc[i, '최고온도']:
        chill_day.append(-((filtered_df.loc[i, '평균온도'] - filtered_df.loc[i, '최저온도']) - (
            (filtered_df.loc[i, '최고온도'] - min_temp_value) / 2)))
        anti_chill_day.append((filtered_df.loc[i, '최고온도'] - min_temp_value) / 2)
    elif 0 <= filtered_df.loc[i, '최저온도'] <= filtered_df.loc[i, '최고온도'] <= min_temp_value:
        chill_day.append(-(filtered_df.loc[i, '평균온도'] - filtered_df.loc[i, '최저온도']))
        anti_chill_day.append(0)
    elif filtered_df.loc[i, '최저온도'] <= 0 < filtered_df.loc[i, '최고온도'] <= min_temp_value:
        chill_day.append(-(
            (filtered_df.loc[i, '최고온도'] / (filtered_df.loc[i, '최고온도'] - filtered_df.loc[i, '최저온도'])) * (
                filtered_df.loc[i, '최고온도'] / 2)))
        anti_chill_day.append(0)
```

프로그램 코드

```
        elif filtered_df.loc[i, '최저온도'] <= 0 <= min_temp_value <= filtered_df.loc[i, '최고온도']:
            chill_day.append(-(
                    (filtered_df.loc[i, '최고온도'] / (filtered_df.loc[i, '최고온도'] - filtered_df.loc[i, '최저온도'])) * (
                    filtered_df.loc[i, '최고온도'] / 2) - ((filtered_df.loc[i, '최고온도'] - min_temp_value) / 2)))
            anti_chill_day.append(-((filtered_df.loc[i, '최고온도'] - min_temp_value) / 2))

    flowering_dates = []
    chill_day_sum = 0  # chill_day_sum 초기화
    anti_chill_day_sum = 0  # anti_chill_day_sum 초기화
    for i in range(len(chill_day)):  # chill_day 리스트의 길이만큼 반복
        chill_day_sum += chill_day[i]  # chill_day_sum 값을 누적
        if chill_day_sum <= germination_temp:
            anti_chill_day_sum += anti_chill_day[i]  # anti_chill_day_sum 값을 누적
            if anti_chill_day_sum >= flowering_temp:
                flowering_dates.append(filtered_df['날짜'].iloc[i])

    # Anti Chill Days 출력 윈도우
    anti_chill_day_label.config(text=f"Anti Chill Days: {sum(anti_chill_day)}")

    # Chill Days 출력 윈도우
    chill_day_label.config(text=f"Chill Days: {sum(chill_day)}")

    # 첫개화시기 출력
    if len(flowering_dates) > 0:
        first_flowering_date = flowering_dates[0]  # 첫번째 개화 시기를 가져옴
        formatted_first_flowering_date = first_flowering_date.strftime("%Y-%m-%d")  # 원하는 포맷으로 날짜를 변환
        first_flowering_label.config(text=f"첫개화시기: {formatted_first_flowering_date}")
    else:
        first_flowering_label.config(text="첫개화시기: 없음")

    # 만개시기 출력
    if len(flowering_dates) > 0:
        last_flowering_date = flowering_dates[-1]  # 마지막 개화 시기를 가져옴
        formatted_last_flowering_date = last_flowering_date.strftime("%Y-%m-%d")  # 원하는 포맷으로 날짜를 변환
```

```python
            last_flowering_label.config(text=f"만개시기: {formatted_last_flowering_date}")
        else:
            last_flowering_label.config(text="만개시기: 없음")

    # Anti Chill Days 출력 윈도우
    anti_chill_day_label.config(text=f"Anti Chill Days: {sum(anti_chill_day)}")
    print(f"Anti Chill Days: {sum(anti_chill_day)}")

    # Chill Days 출력 윈도우
    chill_day_label.config(text=f"Chill Days: {sum(chill_day)}")
    print(f"Chill Days: {sum(chill_day)}")

# 메인 창 생성
root = tk.Tk()
root.title("날짜와 온도 설정")

# 날짜 설정 프레임
date_frame = ttk.Frame(root)
date_frame.pack(pady=20)

# 시작 날짜 입력
start_date_label = ttk.Label(date_frame, text="시작 날짜:")
start_date_label.grid(row=0, column=0, padx=10)

start_date_entry = ttk.Entry(date_frame)
start_date_entry.grid(row=0, column=1, padx=10)

start_date_button = ttk.Button(date_frame, text="달력", command=lambda: show_calendar(start_date_entry))
start_date_button.grid(row=0, column=2, padx=10)

# 종료 날짜 입력
end_date_label = ttk.Label(date_frame, text="종료 날짜:")
end_date_label.grid(row=1, column=0, padx=10)

end_date_entry = ttk.Entry(date_frame)
end_date_entry.grid(row=1, column=1, padx=10)

end_date_button = ttk.Button(date_frame, text="달력", command=lambda: show_calendar(end_
```

프로그램 코드

```
date_entry))
end_date_button.grid(row=1, column=2, padx=10)

# 주요 온도 설정 프레임
temp_frame = ttk.Frame(root)
temp_frame.pack(pady=10)

min_temp_label = ttk.Label(temp_frame, text="최저 온도 (Min Temp):")
min_temp_label.grid(row=0, column=0, padx=10)

min_temp_value_label = ttk.Label(temp_frame, text="5.4")
min_temp_value_label.grid(row=0, column=1, padx=10)

opt_temp_label = ttk.Label(temp_frame, text="최적 온도 (Opt Temp):")
opt_temp_label.grid(row=1, column=0, padx=10)

opt_temp_value_label = ttk.Label(temp_frame, text="26.0")
opt_temp_value_label.grid(row=1, column=1, padx=10)

max_temp_label = ttk.Label(temp_frame, text="최고 온도 (Max Temp):")
max_temp_label.grid(row=2, column=0, padx=10)

max_temp_value_label = ttk.Label(temp_frame, text="36.0")
max_temp_value_label.grid(row=2, column=1, padx=10)

# 발아일 예측온도, 만개기 적산온도 프레임
calc_frame = ttk.Frame(root)
calc_frame.pack(pady=10)

germination_temp_label = ttk.Label(calc_frame, text="발아일 예측온도:")
germination_temp_label.grid(row=0, column=0, padx=10)

germination_temp_value_label = ttk.Label(calc_frame, text="-84.4")
germination_temp_value_label.grid(row=0, column=1, padx=10)

flowering_temp_label = ttk.Label(calc_frame, text="만개기 적산온도:")
flowering_temp_label.grid(row=1, column=0, padx=10)
```

```
flowering_temp_value_label = ttk.Label(calc_frame, text="231.3")
flowering_temp_value_label.grid(row=1, column=1, padx=10)

# 결과 출력 프레임
result_frame = ttk.Frame(root)
result_frame.pack(pady=10)

anti_chill_day_label = ttk.Label(result_frame, text="Anti Chill Days: ")
anti_chill_day_label.grid(row=0, column=0, padx=10)

chill_day_label = ttk.Label(result_frame, text="Chill Days: ")
chill_day_label.grid(row=1, column=0, padx=10)

# first_flowering_label = ttk.Label(result_frame, text="첫개화시기: ")
# first_flowering_label.grid(row=2, column=0, padx=10)

# 개화시기 출력 라벨
first_flowering_label = tk.Label(root, text="첫개화시기: 없음")
first_flowering_label.pack()
last_flowering_label = tk.Label(root, text="만개시기: 없음")
last_flowering_label.pack()


# 업데이트 버튼
update_button = ttk.Button(root, text="업데이트", command=update_temperature)
update_button.pack(pady=10)

# 닫기 버튼 함수
def close_window():
    root.destroy()

# 닫기 버튼
close_button = ttk.Button(root, text="닫기", command=close_window)
close_button.pack(pady=10)

root.mainloop()
```

3 생육 예측

원예 작물의 생육을 모델식을 이용하여 예측하는 프로그램입니다.

출처
Annals of Botany 66:695-701

제목
A Mathematical Function for Crop Growth Based on Light Interception and Leaf Area Expansion

계산식

$$w = \frac{c_m}{r_m} \ln\{1 + \exp(r_m(t - t_b))\} \qquad [\text{g m}^{-2}]$$

where:

w is the crop biomass at time t [g m^{-2}]
c_m is the maximum absolute growth rate in the linear phase [g m^{-2} d^{-1}]
r_m is the maximum relative growth rate in the exponential phase [d^{-1}]
t_b is a timing parameter [d]

프로그램 코드

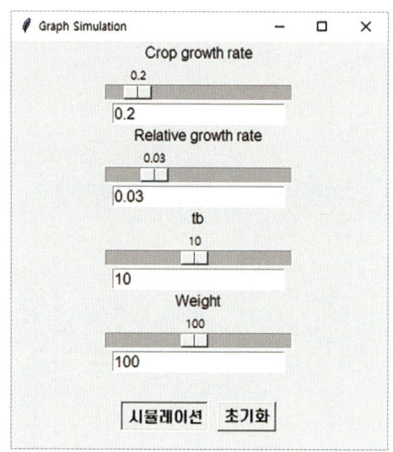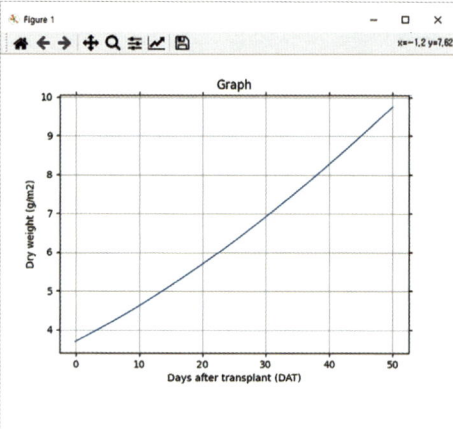

```python
import tkinter as tk
import matplotlib.pyplot as plt
import numpy as np
import math

# 그래프 데이터 생성
x = np.linspace(0, 50, 100)

def simulate_graph(cm, rm, tb):
    # 그래프 시뮬레이션
    y = cm / rm * np.log(1 + np.exp(rm*(x - tb)))
    #y = cm / rm * math.log(1 + math.exp(rm * (x - tb)))
    return y

def update_graph():
    # 그래프 업데이트
    cm = float(cm_entry.get())
    rm = float(rm_entry.get())
    tb = float(tb_entry.get())

    y = simulate_graph(cm, rm, tb)

    plt.cla()
    plt.draw()
    plt.plot(x, y)
    plt.xlabel('Days after transplant (DAT)')
    plt.ylabel('Dry weight (g/m2)')
    plt.title('Graph')
    plt.grid(True)
    plt.show()
    for i in range(len(y)):
        if y[i] >= y_var.get():
            result_var.set("Result: (DAT = {:.1f}, Weight (g) = {:.1f})".format(x[i], y[i]))
            break

def reset_values():
    # 초기화
    cm_var.set(0.2)
    rm_var.set(0.03)
```

01

```
        tb_var.set(10)
        y_var.set(100)
        result_var.set("")

# 윈도우 창 생성
window = tk.Tk()
window.title("Graph Simulation")
window.geometry("400x600")
window.configure(bg="#F0F0F0")

# 그래프 초기화
fig, ax = plt.subplots()
y = simulate_graph(0.2, 0.03, 10)  # 초기 값으로 시뮬레이션
line, = ax.plot(x, y)

# cm 입력 필드
def update_cm(*args):
    # cm 입력 필드 업데이트
    cm_scale.set(float(cm_var.get()))


cm_label = tk.Label(window, text="Crop growth rate", bg="#F0F0F0", font=("Arial", 12))
cm_label.pack()
cm_var = tk.DoubleVar(value=0.2)
cm_scale = tk.Scale(window, variable=cm_var, from_=0.1, to=1, resolution=0.1,
command=update_cm, orient=tk.HORIZONTAL, length=200)
cm_scale.pack()
cm_entry = tk.Entry(window, textvariable=cm_var, font=("Arial", 12))
cm_entry.pack()

# rm 입력 필드
def update_rm(*args):
    # cm 입력 필드 업데이트
    rm_scale.set(float(rm_var.get()))

# cm 입력 필드
rm_label = tk.Label(window, text="Relative growth rate", bg="#F0F0F0", font=("Arial", 12))
rm_label.pack()
rm_var = tk.DoubleVar(value=0.03)
rm_scale = tk.Scale(window, variable=rm_var, from_=0.01, to=0.1, resolution=0.01,
```

```
                          command=update_rm, orient=tk.HORIZONTAL, length=200)
rm_scale.pack()
rm_entry = tk.Entry(window, textvariable=rm_var, font=("Arial", 12))
rm_entry.pack()

# tb 입력 필드
def update_tb(*args):
    # cm 입력 필드 업데이트
    tb_scale.set(tb_var.get())

# cm 입력 필드
tb_label = tk.Label(window, text="tb", bg="#F0F0F0", font=("Arial", 12))
tb_label.pack()
tb_var = tk.DoubleVar(value=10)
tb_scale = tk.Scale(window, variable=tb_var, from_=1, to=20, command=update_tb, orient=tk.
HORIZONTAL, length=200)
tb_scale.pack()
tb_entry = tk.Entry(window, textvariable=tb_var, font=("Arial", 12))
tb_entry.pack()

# 수확물량 입력 필드
def update_y(*args):
    # cm 입력 필드 업데이트
    y_scale.set(y_var.get())

# cm 입력 필드
y_label = tk.Label(window, text="Weight", bg="#F0F0F0", font=("Arial", 12))
y_label.pack()
y_var = tk.DoubleVar(value=100)
y_scale = tk.Scale(window, variable=y_var, from_=10, to=200, command=update_y, orient=tk.
HORIZONTAL, length=200)
y_scale.pack()
y_entry = tk.Entry(window, textvariable=y_var, font=("Arial", 12))
y_entry.pack()

# 결과 텍스트 표시
result_var = tk.StringVar()
result_label = tk.Label(window, textvariable=result_var)
result_label.pack()
```

01

```
# 버튼 프레임
button_frame = tk.Frame(window, bg="#F0F0F0")
button_frame.pack()

# 버튼 생성
graph_button = tk.Button(button_frame, text="시뮬레이션", command=update_graph, font=("Arial", 12))
graph_button.pack(side=tk.LEFT, padx=5, pady=10)

reset_button = tk.Button(button_frame, text="초기화", command=reset_values, font=("Arial", 12))
reset_button.pack(side=tk.LEFT, padx=5, pady=10)

# 윈도우 창 실행
window.mainloop()
```

02
수확무게에 따른 생장량

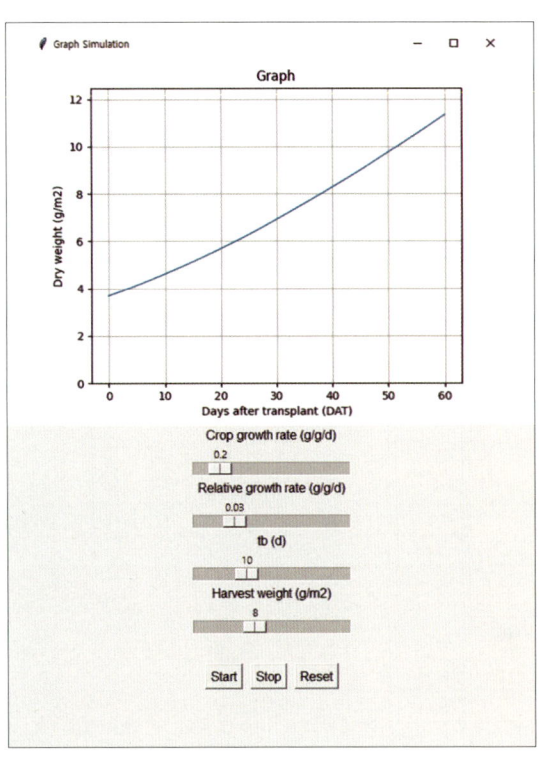
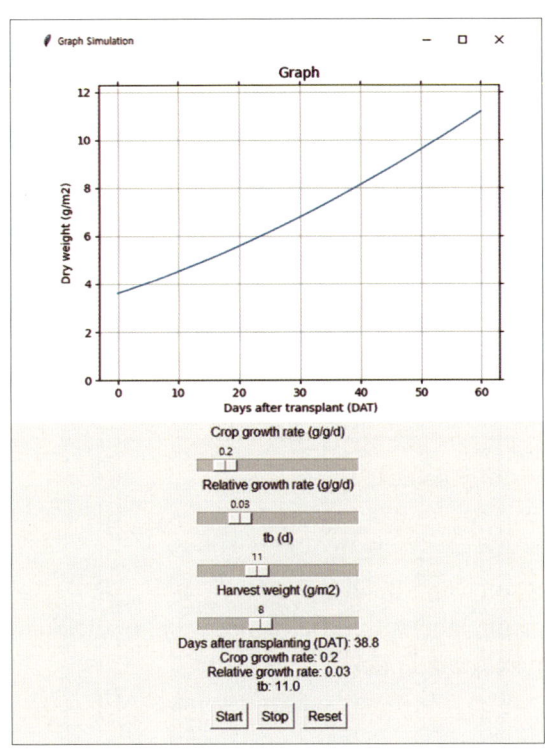

```python
import tkinter as tk
import numpy as np
from matplotlib.backends.backend_tkagg import FigureCanvasTkAgg
import matplotlib.pyplot as plt

# Graph data generation
x = np.linspace(0, 60, 100)

def simulate_graph(cm, rm, tb):
    # Graph simulation
    y = cm / rm * np.log(1 + np.exp(rm * (x - tb)))
    return y

def update_graph():
    # Update the graph
    cm = cm_var.get()
    rm = rm_var.get()
    tb = tb_var.get()
    y = simulate_graph(cm, rm, tb)

    ax.clear()
    ax.plot(x, y)
    ax.set_xlabel('Days after transplant (DAT)')
    ax.set_ylabel('Dry weight (g/m2)')
    ax.set_title('Graph')
    ax.set_ylim(0, np.max(y)*1.1)  # Set y-axis limit to 0 and max value of y
    ax.grid(True)
    canvas.draw()

def reset_values():
    # Reset input values
    cm_var.set(0.2)
    rm_var.set(0.03)
    tb_var.set(10)
    y_var.set(8)
    result_var.set("")

# Create the window
window = tk.Tk()
```

```python
window.title("Graph Simulation")
window.geometry("600x900")
window.configure(bg="#F0F0F0")

# Initialize the graph
fig, ax = plt.subplots()
y = simulate_graph(0.2, 0.03, 10)
line, = ax.plot(x, y)
ax.set_xlabel('Days after transplant (DAT)')
ax.set_ylabel('Dry weight (g/m2)')
ax.set_title('Graph')
ax.set_ylim(0, np.max(y)*1.1)  # Set y-axis limit to 0 and max value of y
ax.grid(True)

canvas = FigureCanvasTkAgg(fig, master=window)
canvas.get_tk_widget().pack()

# Crop growth rate input field
cm_label = tk.Label(window, text="Crop growth rate (g/g/d)", bg="#F0F0F0", font=("Arial", 12))
cm_label.pack()

cm_var = tk.DoubleVar(value=0.2)
cm_scale = tk.Scale(window, variable=cm_var, from_=0.1, to=1, resolution=0.1, orient=tk.HORIZONTAL, length=200)
cm_scale.pack()

# Relative growth rate input field
rm_label = tk.Label(window, text="Relative growth rate (g/g/d)", bg="#F0F0F0", font=("Arial", 12))
rm_label.pack()

rm_var = tk.DoubleVar(value=0.03)
rm_scale = tk.Scale(window, variable=rm_var, from_=0.01, to=0.1, resolution=0.01, orient=tk.HORIZONTAL, length=200)
rm_scale.pack()

# tb input field
tb_label = tk.Label(window, text="tb (d)", bg="#F0F0F0", font=("Arial", 12))
tb_label.pack()
```

```python
tb_var = tk.DoubleVar(value=10)
tb_scale = tk.Scale(window, variable=tb_var, from_=1, to=30, orient=tk.HORIZONTAL, length=200)
tb_scale.pack()

# Weight input field
y_label = tk.Label(window, text="Harvest weight (g/m2)", bg="#F0F0F0", font=("Arial", 12))
y_label.pack()

y_var = tk.DoubleVar(value=8)
y_scale = tk.Scale(window, variable=y_var, from_=1, to=20, orient=tk.HORIZONTAL, length=200)
y_scale.pack()

# Result text display
result_var = tk.StringVar()
result_label = tk.Label(window, text="", font=("Arial", 12))
result_label.pack()

# Button frame
button_frame = tk.Frame(window, bg="#F0F0F0")
button_frame.pack()

# Buttons
is_running = True  # Flag to indicate if the graph animation is running

def stop_animation():
    global is_running
    is_running = False

def animate_graph():
    global is_running

    # 결과 레이블 초기화
    result_label.config(text="")

    cm = cm_var.get()
    rm = rm_var.get()
    tb = tb_var.get()
    y = simulate_graph(cm, rm, tb)
```

```
ax.clear()
ax.set_xlabel('Days after transplant (DAT)')
ax.set_ylabel('Dry weight (g/m2)')
ax.set_title('Graph')
ax.set_ylim(0, np.max(y) * 1.1)  # Set y-axis limit to 0 and max value of y
ax.grid(True)

is_running = True
frame = 0
while frame <= len(y) and y[frame] < y_var.get():
    ax.plot(x[:frame], y[:frame], 'r-')
    canvas.draw()
    frame += 1
    plt.pause(0.1)

    # 결과 레이블 업데이트
    result_label.config(text=f"Days after transplanting (DAT): {x[frame - 1]:.1f}\n"
              f"Crop growth rate: {cm}\n"
              f"Relative growth rate: {rm}\n"
              f"tb: {tb}")

is_running = False

# 그래프 초기화
ax.clear()
y_init = simulate_graph(cm_var.get(), rm_var.get(), tb_var.get())
ax.plot(x, y_init)
ax.set_xlabel('Days after transplant (DAT)')
ax.set_ylabel('Dry weight (g/m2)')
ax.set_title('Graph')
ax.set_ylim(0, np.max(y_init) * 1.1)
ax.grid(True)
canvas.draw()
```

```
start_button = tk.Button(button_frame, text="Start", command=animate_graph, font=("Arial", 12))
start_button.pack(side=tk.LEFT, padx=5, pady=10)

stop_button = tk.Button(button_frame, text="Stop", command=stop_animation, font=("Arial", 12))
stop_button.pack(side=tk.LEFT, padx=5, pady=10)

reset_button = tk.Button(button_frame, text="Reset", command=reset_values, font=("Arial", 12))
reset_button.pack(side=tk.LEFT, padx=5, pady=10)

# Run the window
window.mainloop()
```

4 상추 생육

일평균온도와 같은 환경인자를 이용해 생육 모델을 만들고,
이 모델식을 이용하여 상추 생육을 정확하게 예측하는 프로그램입니다.

출처
한국생물환경조절학회 학술논문발표집, 2002. 11. 262-269

제목
일평균온도에 따른 상추 생체중 증가 해석

계산식

$$FW = \frac{CGR}{RGR} \cdot \ln(1 + e^{RGR(t - t_b)})$$

$$CGR = 391.161 \cdot \left(\frac{36 - ADT}{12}\right) \cdot \left(\frac{ADT - 2.5}{21.5}\right)^{\frac{21.5}{12}}$$

$$RGR = 0.374 \cdot \left(\frac{36 - ADT}{12}\right) \cdot \left(\frac{ADT - 2.5}{21.5}\right)^{\frac{21.5}{12}}$$

$$t_b = 30 - 23.2 \cdot \left(\frac{42 - ADT}{16.6}\right) \cdot \left(\frac{ADT - 4}{21.4}\right)^{\frac{21.4}{16.6}}$$

$$DW = 0.034 \cdot FW$$

FW
Fresh weight (g · m^{-2})

DW
Dry weight (g · m^{-2})

CGR
Crop growth rate
(g · g^{-1} · d^{-1})

RGR
Relative growth rate
(g · g^{-1} · d^{-1})

tb
Lost time (d)

t
Days after transplanting (d)

ADT
Average daily temperature
(℃)

프로그램 코드

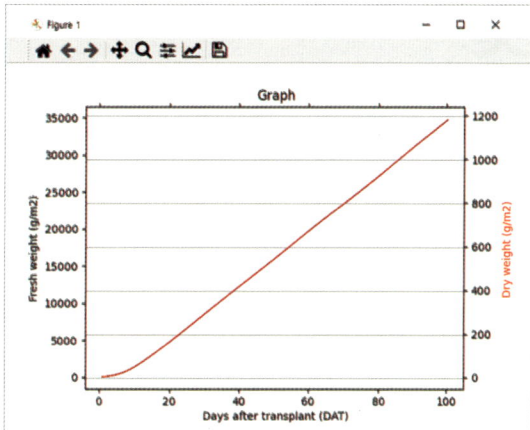

```
import tkinter as tk
import matplotlib.pyplot as plt
import numpy as np
import pandas as pd

def simulate_graph(x, cm, rm, tb):
    # 그래프 시뮬레이션
    y1 = [cm / rm * np.log(1 + np.exp(rm * (xi - tb))) for xi in x]
    y2 = [0.034 * yi for yi in y1]
    return y1, y2

def calculate_cm(temperature):
    # cm 계산 함수
    cm = 391.161 * ((36 - temperature[-1]) / 12) * ((temperature[-1] - 2.5) / 21.5) ** (21.6 / 12)
    return cm

def calculate_rm(temperature):
    # rm 계산 함수
    rm = 0.374 * ((36 - temperature[-1]) / 12) * ((temperature[-1] - 2.5) / 21.5) ** (21.6 / 12)
    return rm

def calculate_tb(temperature):
    # tb 계산 함수
    tb = 30 - 23.2 * ((42 - temperature[-1]) / 16.6) * ((temperature[-1] - 4) / 21.4) ** (21.4 / 16.6)
    return tb
```

프로그램 코드

```python
def update_graph():
    # 그래프 업데이트
    try:
        df = pd.read_excel('D:/Data/temperature_data.xlsx')

        # 엑셀 값에서 x와 일평균 온도 추출
        x = df['정식후날짜'].tolist()
        temperature = df['일평균온도'].tolist()

        cm = calculate_cm(temperature)
        rm = calculate_rm(temperature)
        tb = calculate_tb(temperature)

        # cm, rm, tb 값을 표시할 레이블 업데이트
        cm_label.config(text="Crop growth rate: {:.3f}".format(cm))
        rm_label.config(text="Relative growth rate: {:.3f}".format(rm))
        tb_label.config(text="tb: {:.3f}".format(tb))

    except (pd.errors.EmptyDataError, FileNotFoundError, KeyError, IndexError):
        x = np.linspace(0, 50, 100)
        temperature = [0.0] * 100  # 값이 비어있거나 파일을 찾을 수 없을 때 기본값 0.0 설정
        cm, rm, tb = 0.0, 0.0, 0.0

    y1, y2 = simulate_graph(x, cm, rm, tb)

    # y1과 y2의 최종 결과값 출력
    y1_label.config(text="Fresh weight (g/m2): {:.1f}".format(y1[-1]))
    y2_label.config(text="Dry weight (g/m2): {:.1f}".format(y2[-1]))

    plt.cla()
    plt.plot(x, y1, label='y1')
    plt.xlabel('Days after transplant (DAT)')
    plt.ylabel('Fresh weight (g/m2)')
    plt.title('Graph')

    # y2 값을 제2 Y축으로 표시
    ax2 = plt.gca().twinx()
    ax2.plot(x, y2, label='y2', color='red')
    ax2.set_ylabel('Dry weight (g/m2)', color='red')
```

```python
        plt.grid(True)
        plt.show()


def reset_values():
    # 초기화
    cm_label.config(text="Crop growth rate: {:.1f}".format(0.0))
    rm_label.config(text="Relative growth rate: {:.2f}".format(0.0))
    tb_label.config(text="tb: {:.1f}".format(0.0))


# 윈도우 창 생성
window = tk.Tk()
window.title("Graph Simulation")
window.geometry("400x600")
window.configure(bg="#F0F0F0")

# y1과 y2 값을 표시할 레이블 생성
y1_label = tk.Label(window, text="Fresh weight (g/m2): ", bg="#F0F0F0", font=("Arial", 12))
y1_label.pack()

y2_label = tk.Label(window, text="Dry weight (g/m2): ", bg="#F0F0F0", font=("Arial", 12))
y2_label.pack()

# cm, rm, tb 값을 표시할 레이블 생성
cm_label = tk.Label(window, text="Crop growth rate: {:.1f}".format(0.0), bg="#F0F0F0",
font=("Arial", 12))
cm_label.pack()

rm_label = tk.Label(window, text="Relative growth rate: {:.2f}".format(0.0), bg="#F0F0F0",
font=("Arial", 12))
rm_label.pack()

tb_label = tk.Label(window, text="tb: {:.1f}".format(0.0), bg="#F0F0F0", font=("Arial", 12))
tb_label.pack()

# 버튼 프레임
button_frame = tk.Frame(window, bg="#F0F0F0")
button_frame.pack()
```

프로그램 코드

```
# 버튼 생성
graph_button = tk.Button(button_frame, text="시뮬레이션", command=update_graph, font=("Arial", 12))
graph_button.pack(side=tk.LEFT, padx=5, pady=10)

reset_button = tk.Button(button_frame, text="초기화", command=reset_values, font=("Arial", 12))
reset_button.pack(side=tk.LEFT, padx=5, pady=10)

# 종료 버튼
close_button = tk.Button(window, text="닫기", command=window.destroy, font=("Arial", 12))
close_button.pack(pady=10)

# 윈도우 창 실행
window.mainloop()
```

5 오이과실 생육

오이의 형태학적 분석 방법으로 과실의 길이와 폭을 이용하여 생체중과 건물중을 예측하는 프로그램입니다.

계산식

$$L = \frac{35.89}{1 + e^{-(\frac{d-8.446}{3.794})}}$$

$$C = \frac{19.44}{1 + e^{-(\frac{d-11.09}{5.152})}}$$

$$FW = 0.752 \cdot \frac{L \cdot C^2}{4\pi}$$

$$DW = 0.081 \cdot FW$$

FW Fresh weight per fruit (g)
DW Dry weight per fruit (g)
L Length of the fruit (cm)
C Circumference of the fruit (cm)
d Days after flowering of the fruit

출처
L.F.M. Marcelis Thesis Wageningen (ISBN 90-5485-310-7)

제목
Fruit growth and dry matter partitioning in cucumber

프로그램 코드

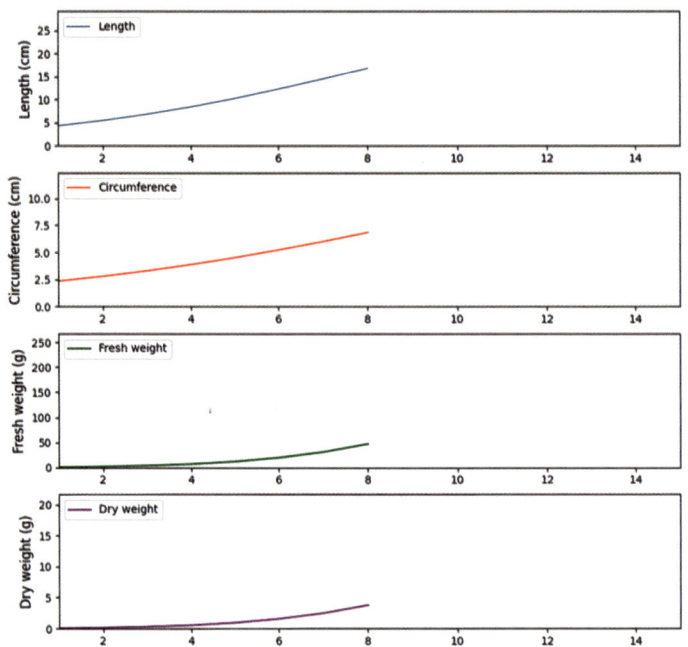

```
import numpy as np
import matplotlib.pyplot as plt
from matplotlib.animation import FuncAnimation

# 데이터 준비
x = np.arange(1, 15)  # 개화 후 날짜
y1 = 35.89 / (1 + np.exp(-((x - 8.446) / 3.794)))  # 생육 데이터 (임의로 생성)
y2 = 19.44 / (1 + np.exp(-((x - 11.09) / 5.152)))  # 생육 데이터 (임의로 생성)
y3 = 0.752 * y1 * y2**2 / (4 * np.pi)
y4 = 0.081 * y3

# 그래프 초기화
fig, (ax1, ax2, ax3, ax4) = plt.subplots(nrows=4, figsize=(8, 12))

# 축 범위 설정
ax1.set_xlim(1, 15)
ax1.set_ylim(0, max(y1))
ax2.set_xlim(1, 15)
ax2.set_ylim(0, max(y2))
ax3.set_xlim(1, 15)
```

```python
ax3.set_ylim(0, max(y3))
ax4.set_xlim(1, 15)
ax4.set_ylim(0, max(y4))

# 축 레이블 설정
ax1.set_xlabel('Days after flowering of the fruit', fontsize=12)
ax1.set_ylabel('Length (cm)', fontsize=12)
ax2.set_ylabel('Circumference (cm)', fontsize=12)
ax3.set_xlabel('Days after flowering of the fruit', fontsize=12)
ax3.set_ylabel('Fresh weight (g)', fontsize=12)
ax4.set_ylabel('Dry weight (g)', fontsize=12)

# 그래프 객체 초기화
line1, = ax1.plot([], [], label='Length', color='steelblue')
line2, = ax2.plot([], [], 'r', label='Circumference')
line3, = ax3.plot([], [], 'g', label='Fresh weight', linewidth=2)
line4, = ax4.plot([], [], 'm', label='Dry weight', linewidth=2)
lines = [line1, line2, line3, line4]

# 범례 표시
ax1.legend(loc='upper left', fontsize=10)
ax2.legend(loc='upper left', fontsize=10)
ax3.legend(loc='upper left', fontsize=10)
ax4.legend(loc='upper left', fontsize=10)

# 그래프 갱신 함수
def update_graph(frame):
    if frame >= len(x):
        return

    line1.set_data(x[:frame+1], y1[:frame+1])
    line2.set_data(x[:frame+1], y2[:frame+1])
    line3.set_data(x[:frame+1], y3[:frame+1])
    line4.set_data(x[:frame+1], y4[:frame+1])

# 애니메이션 생성
ani = FuncAnimation(fig, update_graph, frames=len(x)+1, interval=500, blit=False)

plt.show()
```

6 증발산 예측

온실 네트 멜론을 재배할 경우 겨울의 증발산량을 예측하는 프로그램입니다.

출처
J. Japan. Soc. Hortic. Sci. 67:843-848

제목
Changes in Evapotranspiration of Summer and Winter Crops of Netted Melon Grown under Glass in Relation to Meteorological and Plant-related Factors

계산식

$E = 85.67 \cdot S + 11.08$

$E = -54.10 \cdot V + 86.64$

$E = 12.71 \cdot T - 236.71$

$E = 82.31 \cdot S - 20.51 \cdot V + 32.64$

$E = 73.57 \cdot S + 3.11 \cdot T - 51.72$

$E = 58.80 \cdot S - 34.81 \cdot V + 5.44 \cdot T - 62.22$

E
evopotranspiration,
g · plant^{-1} · hr^{-1}

S
inside solar radiation,
MJ · m^{-2} · hr^{-1}

V
average vapor pressure deficit, kPa

T
average temperature, ℃

프로그램 코드

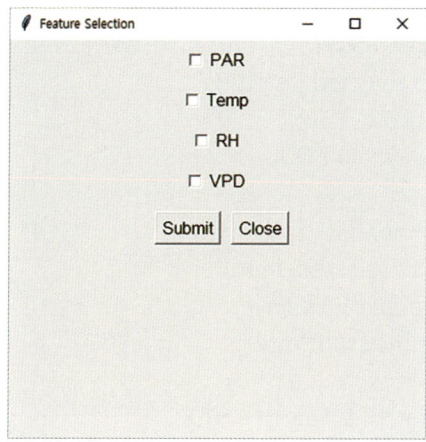
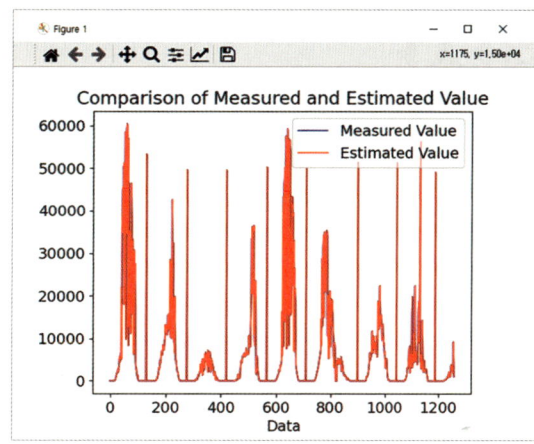

```python
import pandas as pd
from sklearn.linear_model import LinearRegression
import math
import matplotlib.pyplot as plt
from tkinter import *
from tkinter import messagebox
import matplotlib.font_manager as fm

def calculate_evapotranspiration(x, selected_features):
    # 주어진 x값과 선택된 항목을 기반으로 증발산량 계산
    evapotranspiration = []

    for _, row in x.iterrows():
        feature_values = [row[feature] for feature in selected_features]

        # 선택된 항목에 따른 증발산량 계산식 예시
        if 'PAR' in selected_features:
            par = feature_values[selected_features.index('PAR')]
            # 계산식 적용
            evapotranspiration.append(85.67 * par + 11.08)
        elif 'Temp' in selected_features:
            temp = feature_values[selected_features.index('Temp')]
            # 계산식 적용
            evapotranspiration.append(12.71 * temp - 236.71)
        elif 'VPD' in selected_features:
            vpd = feature_values[selected_features.index('VPD')]
```

프로그램 코드

```python
            # 계산식 적용
            evapotranspiration.append(-54.10 * vpd + 86.64)
        elif 'PAR' in selected_features and 'VPD' in selected_features:
            par = feature_values[selected_features.index('PAR')]
            vpd = feature_values[selected_features.index('VPD')]
            # 계산식 적용
            evapotranspiration.append(82.31 * par - 20.51 * vpd + 32.64)
        elif 'PAR' in selected_features and 'Temp' in selected_features:
            par = feature_values[selected_features.index('PAR')]
            temp = feature_values[selected_features.index('Temp')]
            # 계산식 적용
            evapotranspiration.append(73.57 * par + 3.11 * temp - 51.72)
        elif 'PAR' in selected_features and 'Temp' in selected_features and 'VPD' in selected_features:
            par = feature_values[selected_features.index('PAR')]
            temp = feature_values[selected_features.index('Temp')]
            vpd = feature_values[selected_features.index('VPD')]
            # 계산식 적용
            evapotranspiration.append(58.8 * par - 34.81 * vpd + 5.44 * temp - 62.22)
        else:
            # 선택된 항목에 따른 다른 계산식 적용
            evapotranspiration.append(0)  # 예시로 0으로 설정

    return evapotranspiration

def get_selected_features():
    # 항목 선택을 위한 윈도우 창 생성
    window = Tk()
    window.title("Feature Selection")
    window.geometry("400x300")

    def submit():
        # 선택된 항목을 반환하고 창 종료
        selected_features = [feature for idx, feature in enumerate(features) if var[idx].get() == 1]
        window.destroy()
        run_model(selected_features)

# 엑셀 파일로부터 데이터 불러오기
data = pd.read_excel('D:/Data/Environment_Melon.xlsx')
features = data.columns.tolist()
```

```python
    features.remove('Date')

    var = []
    for _ in range(len(features)):
        var.append(IntVar())

    for idx, feature in enumerate(features):
        checkbox = Checkbutton(window, text=feature, variable=var[idx], font=("Arial", 12))
        checkbox.pack(pady=5)

    button_frame = Frame(window)
    button_frame.pack(pady=10)

    button = Button(button_frame, text="Submit", command=submit, font=("Arial", 12))
    button.pack(side=LEFT, padx=10)

    close_button = Button(button_frame, text="Close", command=window.destroy, font=("Arial", 12))
    close_button.pack(side=LEFT)

    window.mainloop()

def run_model(selected_features):
    # 엑셀 파일로부터 데이터 불러오기
    data = pd.read_excel('D:/Data/Environment_Melon.xlsx')

    # 선택된 항목 데이터 추출
    X = data[selected_features]

    # 학습 데이터와 테스트 데이터로 분할 (예시로 80:20 비율로 분할)
    train_X = X[:int(len(X)*0.8)]
    train_y = calculate_evapotranspiration(train_X, selected_features)  # 증발산량 계산 함수를 사용하여 y값 계산
    test_X = X[int(len(X)*0.8):]
    test_y = calculate_evapotranspiration(test_X, selected_features)  # 증발산량 계산 함수를 사용하여 y값 계산

    # 선형 회귀 모델 학습
    model = LinearRegression()
    model.fit(train_X, train_y)
```

프로그램 코드

```python
# 테스트 데이터로 예측 수행
predictions = model.predict(test_X)

# 예측 결과 출력 및 그래프 그리기
plt.rcParams.update({'font.size': 14})
plt.plot(range(len(test_y)), test_y, label='Measured Value', color='blue')
plt.plot(range(len(predictions)), predictions, label='Estimated Value', color='red')
plt.xlabel('Data')
plt.ylabel('Evapotranspiration')
plt.title('Comparison of Measured and Estimated Value')
plt.legend()
plt.show()

# 측정값 출력
print("Measured Values:")
for idx, value in enumerate(test_y):
    print(f"Data {idx + 1}: {value}")

# 예측값 출력
print("Predicted Values:")
for idx, pred in enumerate(predictions):
    print(f"Data {idx + 1}: {pred}")

# 항목 선택 윈도우 창 실행
get_selected_features()
```

7 토양 관수량 계산

토양 속의 포장용수량과 보충할 함수량을 계산한 후,
근군의 깊이까지 관수해야 할 관수량을 결정하기 위한 프로그램입니다.

계산식

출처
시설원예학, 한국방송통신대학교 출판부 (p.187)

제목
토양관수량 계산

$$R = \frac{f_c - w}{100} \cdot D \cdot \frac{100}{I_e}$$

함수량(용적비) = 건조에 의한 감량 (g) / 건토의 중량 (g) × 토양비중 × 100 (%)

R
근군부위를 포장용수량의 상태로 보충한 1회 관수량 (mm)

fc
포장용수량 (용적비) (%)

w
관수 전 토양의 함수량 (용적비) (%)

D
근군의 깊이 (mm)

Ie
관수효율 (%)

프로그램 코드

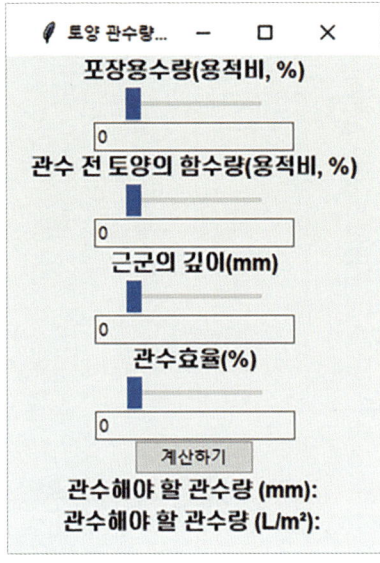 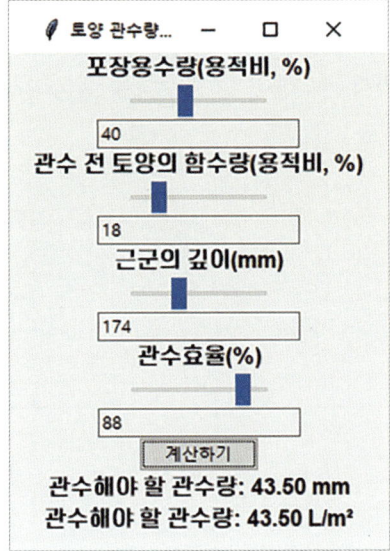

```
import tkinter as tk
from tkinter import ttk

def calculate_irrigation_amount():
    fc = int(fc_scale.get())
    w = int(w_scale.get())
    D = int(D_scale.get())
    Ie = int(Ie_scale.get())

    irrigation_amount = (fc - w) / 100 * D * 100 / Ie
    irrigation_amount_2 = irrigation_amount

    result_label_1.config(text="관수해야 할 관수량: {:.2f} mm".format(irrigation_amount))
    result_label_2.config(text="관수해야 할 관수량: {:.2f} L/m²".format(irrigation_amount_2))

# 윈도우 창 생성
window = tk.Tk()
window.title("토양 관수량 계산기")

# 스타일 설정
style = ttk.Style()
```

```
style.configure("TLabel", font=("Helvetica", 12, "bold"))

# 스크롤바 레이블 및 스케일
fc_label = ttk.Label(window, text="포장용수량(용적비, %)")
fc_label.pack()
fc_value = tk.StringVar()
fc_scale = ttk.Scale(window, from_=0, to=100, orient="horizontal", variable=fc_value,
command=lambda x: fc_value.set(int(float(x))))
fc_scale.pack()
fc_entry = ttk.Entry(window, textvariable=fc_value, state="readonly")
fc_entry.pack()

w_label = ttk.Label(window, text="관수 전 토양의 함수량(용적비, %)")
w_label.pack()
w_value = tk.StringVar()
w_scale = ttk.Scale(window, from_=0, to=100, orient="horizontal", variable=w_value,
command=lambda x: w_value.set(int(float(x))))
w_scale.pack()
w_entry = ttk.Entry(window, textvariable=w_value, state="readonly")
w_entry.pack()

D_label = ttk.Label(window, text="근군의 깊이(mm)")
D_label.pack()
D_value = tk.StringVar()
D_scale = ttk.Scale(window, from_=0, to=500, orient="horizontal", variable=D_value,
command=lambda x: D_value.set(int(float(x))))
D_scale.pack()
D_entry = ttk.Entry(window, textvariable=D_value, state="readonly")
D_entry.pack()

Ie_label = ttk.Label(window, text="관수효율(%)")
Ie_label.pack()
Ie_value = tk.StringVar()
Ie_scale = ttk.Scale(window, from_=0, to=100, orient="horizontal", variable=Ie_value,
command=lambda x: Ie_value.set(int(float(x))))
Ie_scale.pack()
Ie_entry = ttk.Entry(window, textvariable=Ie_value, state="readonly")
Ie_entry.pack()
```

프로그램 코드

```python
# 계산 버튼
calculate_button = ttk.Button(window, text="계산하기", command=calculate_irrigation_amount)
calculate_button.pack()

# 결과 표시 레이블
result_label_1 = ttk.Label(window, text="관수해야 할 관수량 (mm): ")
result_label_1.pack()

result_label_2 = ttk.Label(window, text="관수해야 할 관수량 (L/m²): ")
result_label_2.pack()

# 스크롤바 값 표시 업데이트 함수
def update_scale_entry(scale, entry, value):
    scale.set(value)
    entry.configure(state="normal")
    entry.delete(0, tk.END)
    entry.insert(tk.END, value)
    entry.configure(state="readonly")

# 스크롤바 값과 표시 업데이트
update_scale_entry(fc_scale, fc_entry, fc_scale.get())
update_scale_entry(w_scale, w_entry, w_scale.get())
update_scale_entry(D_scale, D_entry, D_scale.get())
update_scale_entry(Ie_scale, Ie_entry, Ie_scale.get())

# 윈도우 창 실행
window.mainloop()
```

8 환경 예측

환경 데이터(온도, 상대습도, 이산화탄소, 광량)를 중심으로 1주일 전의 환경을 학습하여 다음 날의 기후 환경을 예측하는 프로그램입니다.

프로그램 코드

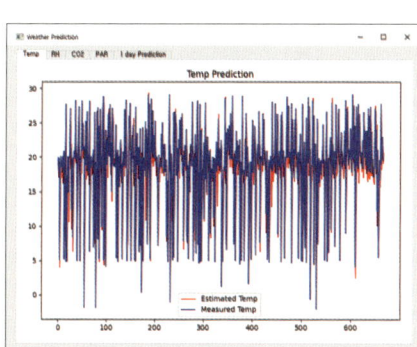
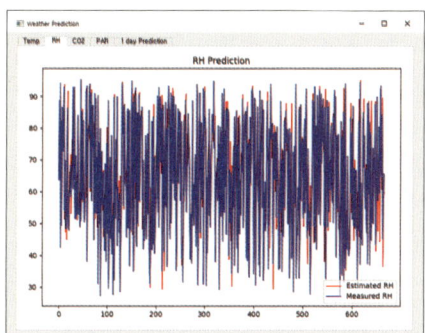
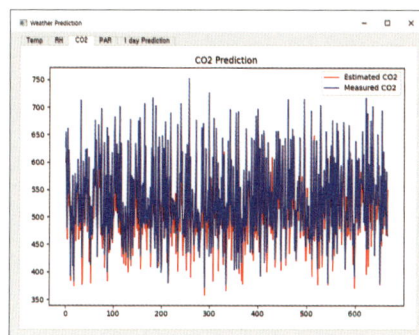
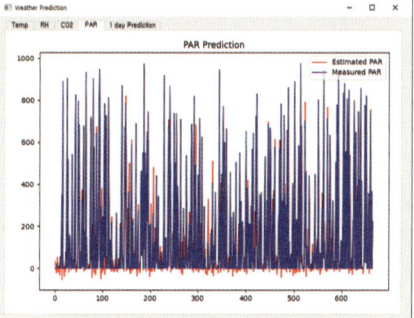

프로그램 코드

```
import pandas as pd
import numpy as np
import matplotlib.pyplot as plt
from sklearn.model_selection import train_test_split
from sklearn.preprocessing import MinMaxScaler
from tensorflow.keras.models import Sequential
from tensorflow.keras.layers import LSTM, Dense
from tensorflow.keras.callbacks import EarlyStopping
import sys
from PyQt5.QtWidgets import QApplication, QMainWindow, QVBoxLayout, QWidget, QTabWidget
from matplotlib.backends.backend_qt5agg import FigureCanvasQTAgg as FigureCanvas

# 데이터 로드
data = pd.read_excel("D:/Data/Weather.xlsx")  # 엑셀 파일 경로를 입력하세요.

# 필요한 데이터 컬럼 선택
selected_columns = ["Date", "Temp", "RH", "CO2", "PAR"]
data = data[selected_columns]

# 날짜 컬럼을 인덱스로 설정
data.set_index("Date", inplace=True)

# 결측치 처리 (필요에 따라 진행)
data.fillna(method="ffill", inplace=True)  # 앞의 값으로 결측치 채우기
```

```python
# 데이터 정규화
scaler = MinMaxScaler()
data_normalized = scaler.fit_transform(data)

# 시퀀스 데이터 생성
seq_length = 24 * 7  # 시퀀스 길이 (24시간 * 7일)
X, y = [], []
for i in range(len(data_normalized) - seq_length):
    X.append(data_normalized[i : i + seq_length])
    y.append(data_normalized[i + seq_length])

X = np.array(X)
y = np.array(y)

# 훈련 및 테스트 데이터 분할
X_train, X_test, y_train, y_test = train_test_split(X, y, test_size=0.2, random_state=42)

# LSTM 모델 구성
model = Sequential()
model.add(LSTM(64, activation="relu", input_shape=(X.shape[1], X.shape[2])))
model.add(Dense(4))  # 예측할 다섯 가지 특성(온도, 상대습도, 이산화탄소, 일사량)
model.compile(optimizer="adam", loss="mse")

# 조기 종료 콜백 설정
early_stopping = EarlyStopping(patience=5, restore_best_weights=True)

# 모델 훈련
model.fit(X_train, y_train, epochs=20, batch_size=32, validation_split=0.2, callbacks=[early_stopping])

# 테스트 데이터로 예측
y_pred = model.predict(X_test)

# 예측된 값을 원래 스케일로 변환
y_pred_rescaled = scaler.inverse_transform(y_pred)
y_test_rescaled = scaler.inverse_transform(y_test)

# 예측 결과 출력
predictions = pd.DataFrame(y_pred_rescaled, columns=data.columns)
ground_truth = pd.DataFrame(y_test_rescaled, columns=data.columns)
```

프로그램 코드

```python
# PyQt5 기반 윈도우 클래스
class WeatherPredictionWindow(QMainWindow):
    def __init__(self, predictions, ground_truth, week_predictions):
        super().__init__()

        # 윈도우 설정
        self.setWindowTitle("Weather Prediction")
        self.setGeometry(100, 100, 800, 600)

        # 탭 위젯 설정
        self.central_widget = QWidget(self)
        self.setCentralWidget(self.central_widget)
        self.tabs = QTabWidget(self.central_widget)

        # 각 항목별 탭 생성
        items = predictions.columns
        for item in items:
            tab = QWidget()
            layout = QVBoxLayout(tab)
            self.tabs.addTab(tab, item)
            fig, ax = plt.subplots(figsize=(8, 6))
            layout.addWidget(FigureCanvas(fig))
            self.plot_results(predictions, ground_truth, item, ax)
            fig.tight_layout()

        # 1주일 예측값 탭 생성
        if week_predictions is not None:
            week_tab = QWidget()
            week_layout = QVBoxLayout(week_tab)
            self.tabs.addTab(week_tab, "1 day Prediction")
            week_fig, week_ax = plt.subplots(figsize=(8, 6))
            week_layout.addWidget(FigureCanvas(week_fig))
            self.plot_week_results(week_predictions, week_ax)
            week_fig.tight_layout()

        layout = QVBoxLayout(self.central_widget)
        layout.addWidget(self.tabs)

    def plot_results(self, predictions, ground_truth, item, ax):
        ax.plot(predictions.index, predictions[item], label="Estimated {}".format(item), color='red')
        ax.plot(ground_truth.index, ground_truth[item], label="Measured {}".format(item), color='blue')
```

```python
            ax.set_title("{} Prediction".format(item))
            ax.legend()

    def plot_week_results(self, week_predictions, ax):
        for item in week_predictions.columns:
            ax.plot(week_predictions.index, week_predictions[item], label="Estimated {}".format(item))
        ax.set_title("1 day Prediction")
        ax.legend()

# 실행 함수
def run_gui(predictions, ground_truth, week_predictions=None):
    app = QApplication(sys.argv)
    window = WeatherPredictionWindow(predictions, ground_truth, week_predictions)
    window.show()
    sys.exit(app.exec_())

# 테스트 데이터로 예측
y_pred_extended = model.predict(X_test)

# 예측된 값을 원래 스케일로 변환
y_pred_extended_rescaled = scaler.inverse_transform(y_pred_extended)

# 1시간 이후의 예측 데이터 생성
next_hour_date = data.index[-1] + pd.DateOffset(hours=1)
date_list = pd.date_range(start=next_hour_date, periods=24, freq="H")
week_data_df = pd.DataFrame(y_pred_extended_rescaled[-24:], columns=data.columns, index=date_list)

# 예측된 값을 1시간 이후의 데이터에 추가
for i in range(24):
    next_hour_date += pd.DateOffset(hours=1)
    next_hour_predictions = pd.DataFrame([y_pred_extended_rescaled[i]], columns=data.columns, index=[next_hour_date])
    week_data_df.update(next_hour_predictions)

# 2일 예측 데이터를 "week_data_df.xlsx"로 저장
week_data_df.to_excel("D:/Data/week_data.xlsx", index=True)

# 결과 출력
run_gui(predictions, ground_truth, week_data_df)
```

9 수분함량 저장

토양수분센서(GS3)를 아두이노와 연결하여 토양 내 수분함량, 온도와 염류 농도를 측정한 다음, 로라(LoRa) 통신으로 수신부의 아두이노에 자료를 보냅니다. 받은 자료에서 측정이 되지 않았거나 누락되어 있는 수치를 인공지능 기술을 이용하여 삭제하거나 다시 복원합니다. 그리고, 최근 1시간 동안의 환경 측정 결과를 그래프로 그려주는 프로그램입니다.

측정 시스템	아두이노, 로라쉴드, GS3 수분센서, LCD 모니터

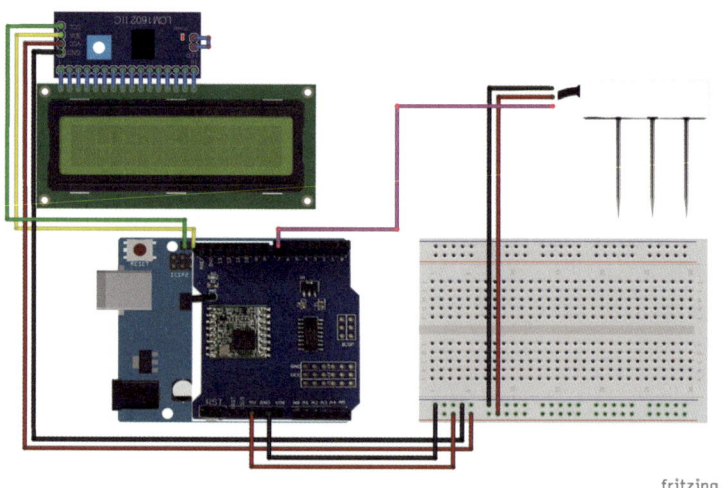

fritzing

fritzing

프로그램 코드

```
#include <SDISerial.h>
#include <SPI.h>
#include <LoRa.h>
#include <Wire.h>
#include <LiquidCrystal_I2C.h>

#define pin 7

SDISerial connection(pin);
LiquidCrystal_I2C lcd(0x27, 20, 4);

char* resp;
String outString = "";

void setup() {
    Serial.begin(9600);
    connection.begin();
    if (!LoRa.begin(915E6)) {
        Serial.println("Starting LoRa failed!");
        while (1);
    }
    delay(1000);
    lcd.init();
    lcd.backlight();
    lcd.setCursor(0, 0);
    lcd.print("Jeju Nat'l Univ.");
    lcd.setCursor(0, 2);
    lcd.print("Vegetables Lab.");
    delay(5000);
}
void loop() {
    resp = connection.sdi_query("?M!", 1000);
    delay(2000);
    resp = connection.sdi_query("?D0!", 1000);
    delay(2000);

    String resp1 = resp;
    int first = resp1.indexOf("+");
    int second = resp1.indexOf("+", first + 1);
    int third = resp1.indexOf("+", second + 1);
```

```
    int length = resp1.length();

    String ch = resp1.substring(0, first);
    String VWC = resp1.substring(first + 1, second);
    String Temp = resp1.substring(second + 1, third);
    String EC = resp1.substring(third + 1, length);

    Serial.print(ch);
    Serial.print(", ");
    Serial.print(VWC);
    Serial.print(", ");
    Serial.print(Temp);
    Serial.print(", ");
    Serial.println(EC);

    lcd.clear();
    lcd.setCursor(0, 0);
    lcd.print("C h : ");
    lcd.print(ch);
    lcd.setCursor(0, 1);
    lcd.print("VWC : ");
    lcd.print(VWC);
    lcd.print(" m3/m3");
    lcd.setCursor(0, 2);
    lcd.print("Temp: ");
    lcd.print(Temp);
    lcd.print(" oc");
    lcd.setCursor(0, 3);
    lcd.print("E C : ");
    lcd.print(EC);
    lcd.print(" uS/m");
    delay(5000);

    outString = "{\"Channel\":" + String(ch) + ",\"VWC\":" + String(VWC) + ",\"Temp\":" + String(Temp) + ",\"EC\":" + String(EC) + "}";

    LoRa.beginPacket();
    LoRa.print(outString);
    LoRa.endPacket();
    delay(5000);
}
```

```python
import pandas as pd
import matplotlib.pyplot as plt
from matplotlib.animation import FuncAnimation
import numpy as np

# 엑셀 파일에서 데이터를 읽어옵니다.
data = pd.read_excel('D:/Data/GS3.xlsx', header=None)

# 필요한 열만 남기고 나머지 열들을 삭제합니다.
data = data.iloc[:, :5]

# 열 이름을 변경합니다.
data.columns = ['Date', 'Channel', 'VWC', 'Temp', 'EC']

# 날짜와 시간 정보를 합쳐서 datetime 형태로 변환합니다. (errors='coerce'를 사용하여 오류가 발생하는 행은 NaT로 처리합니다.)
data['Date'] = pd.to_datetime(data['Date'], errors='coerce')

# Remove rows with NaT values in the 'Date' column
data.dropna(subset=['Date'], inplace=True)

# 'VWC', 'Temp', 'EC' 열을 실수형으로 변환합니다.
data['VWC'] = pd.to_numeric(data['VWC'], errors='coerce')
data['Temp'] = pd.to_numeric(data['Temp'], errors='coerce')
data['EC'] = pd.to_numeric(data['EC'], errors='coerce')

# 빈 칸을 보간하여 데이터를 채웁니다. (보간은 VWC, Temp, EC 열에만 적용됩니다.)
data['VWC'].interpolate(method='linear', inplace=True)
data['Temp'].interpolate(method='linear', inplace=True)
data['EC'].interpolate(method='linear', inplace=True)

def interpolate_with_mean_or_previous(row):
    for i in range(2, 5):
        if pd.isnull(row[i]) or not np.isreal(row[i]):
            # Check if previous, previous previous, subsequent, and subsequent subsequent data are available and numeric
            if i - 2 >= 0 and not pd.isnull(row[i - 2]) and np.isreal(row[i - 2]) \
                and not pd.isnull(row[i - 1]) and np.isreal(row[i - 1]) \
                and i + 1 < len(row) and not pd.isnull(row[i + 1]) and np.isreal(row[i + 1]) \
```

```python
            and i + 2 < len(row) and not pd.isnull(row[i + 2]) and np.isreal(row[i + 2]):
                prev_prev_data = row[i - 2]
                prev_data = row[i - 1]
                next_data = row[i + 1]
                next_next_data = row[i + 2]

                # Calculate differences
                prev_diff = abs(row[i] - prev_data)
                prev_prev_diff = abs(row[i] - prev_prev_data)
                next_diff = abs(row[i] - next_data)
                next_next_diff = abs(row[i] - next_next_data)

                # Use previous data if the difference is greater than 50% of the previous data and previous previous data
                if prev_diff > abs(0.5 * prev_data) and prev_diff > abs(0.5 * prev_prev_data):
                    row[i] = prev_data
                # Use next data if the difference is greater than 50% of the next data and next next data
                elif next_diff > abs(0.5 * next_data) and next_diff > abs(0.5 * next_next_data):
                    row[i] = next_data
                # Use mean of previous and next data
                else:
                    row[i] = (prev_data + next_data) / 2
            # If only previous and subsequent data are available and numeric, use mean of them
            elif i - 1 >= 0 and i + 1 < len(row) and not pd.isnull(row[i - 1]) and np.isreal(row[i - 1]) \
                    and not pd.isnull(row[i + 1]) and np.isreal(row[i + 1]):
                prev_data = row[i - 1]
                next_data = row[i + 1]
                row[i] = (prev_data + next_data) / 2
            # If only previous data is available and numeric, use that
            elif i - 1 >= 0 and not pd.isnull(row[i - 1]) and np.isreal(row[i - 1]):
                row[i] = row[i - 1]
            # If only subsequent data is available and numeric, use that
            elif i + 1 < len(row) and not pd.isnull(row[i + 1]) and np.isreal(row[i + 1]):
                row[i] = row[i + 1]
            else:
                row[i] = np.nan
    return row
```

```python
# Apply the interpolation function to the entire dataset
data = data.apply(interpolate_with_mean_or_previous, axis=1)

# Save the interpolated data to a new file
interpolated_file_path = 'D:/Data/GS3_interpolated.xlsx'
data.to_excel(interpolated_file_path, index=False)

# 시각화 함수 (서서히 변화하는 그래프)
def animate(i):
    plt.clf()  # 현재 그래프를 지웁니다.

    plt.title('Sensor Data Visualization')
    plt.xlabel('Time')
    plt.ylabel('Value')

    # 현재 시간에서 1시간 이전까지의 데이터만 보여줍니다.
    end_time = data['Date'].iloc[-1]
    start_time = end_time - pd.Timedelta(hours=1)
    mask = (data['Date'] >= start_time) & (data['Date'] <= end_time)
    x = data['Date'][mask]

    # Plot VWC and Temp
    line_vwc, = plt.plot(x, data['VWC'][mask], 'g.-', label='VWC')
    line_temp, = plt.plot(x, data['Temp'][mask], 'b.-', label='Temp')

    # EC를 제2Y축으로 표시합니다.
    ax2 = plt.twinx()
    ax2.set_ylabel('EC Value', color='m')
    line_ec, = ax2.plot(x, data['EC'][mask], 'm.-', label='EC')

    # 범례를 표시합니다.
    lines = [line_vwc, line_temp, line_ec]
    labels = [line.get_label() for line in lines]
    plt.legend(lines, labels)

    plt.xticks(rotation=45, ha='right')
```

```
# 초기 그래프를 생성합니다.
fig, ax = plt.subplots()

# 최근 1시간 동안의 데이터 갯수를 구합니다.
end_time = data['Date'].iloc[-1]
start_time = end_time - pd.Timedelta(hours=1)
num_data_points = len(data[(data['Date'] >= start_time) & (data['Date'] <= end_time)])

# FuncAnimation을 호출할 때 frames 인자를 최근 1시간 동안의 데이터 갯수로 설정합니다.
ani = FuncAnimation(fig, animate, frames=num_data_points, interval=50, repeat=False)

# 보간된 파일명을 출력합니다.
interpolated_file_path = 'D:/Data/GS3_interpolated.xlsx'
print("Interpolated File: ", interpolated_file_path)

plt.show()
```

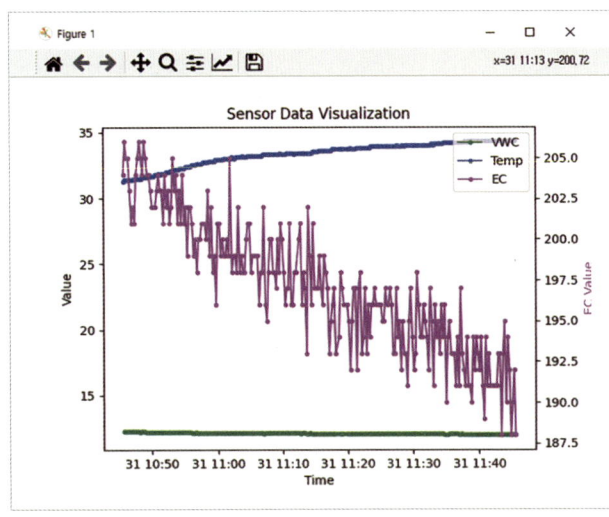

10 바질생육 예측

식물공장에서 재배된 바질의 생육을 예측하기 위한 프로그램입니다.

설명

이 코드는 Python 프로그래밍 언어를 사용하여 기계 학습 기법 중 하나인 XGBoost를 활용하여 성장 예측 모델을 만드는 과정을 나타냅니다. 이 코드는 주어진 엑셀 파일('D:/Data/Growth2.xlsx')에서 날짜와 환경 변수(Temp, RH, CO_2) 데이터를 불러옵니다. 그리고 날짜 열의 결측값을 선형 보간하여 데이터를 전처리합니다.

출처

github.com/choyoungyeol/Python_Modelling/blob/main/Growth2.xlsx

제목

일시, 온도(Temp), 상대습도(RH), 포차(VPD), 이산화탄소(CO_2), 생육(Growth)

❶ 데이터 불러오기 및 전처리

엑셀 파일에서 데이터를 읽어오고 날짜 열을 날짜 형식으로 변환합니다. 'Growth' 열의 결측값을 선형 보간하여 누락된 값을 채웁니다. 'Temp', 'RH', 'CO_2' 열을 가져와서 환경 변수(X_env)로 사용합니다.

❷ 데이터 스케일링

환경 변수(X_env)와 'Growth' 열의 데이터를 스케일링합니다. 스케일링을 하는 이유는 모델이 더 빠르게 수렴하고 더 나은 예측을 할 수 있도록 돕기 위함입니다. 여기서는 StandardScaler를 사용하여 평균이 0이고 표준 편차가 1인 정규 분포로 스케일링합니다.

설명

❸ XGBoost 모델 학습

XGBoostRegressor를 사용하여 성장 데이터('Growth')를 예측하는 모델을 학습합니다. 이 모델은 400개의 트리를 사용하고, 학습률(learning_rate)은 0.1로 설정되어 있습니다.

❹ 예측 및 결과 저장

학습된 모델을 사용하여 환경 변수를 입력으로 받아 성장을 예측합니다. 예측된 성장 값을 역정규화하여 실제 성장 값을 얻습니다. 예측된 성장 값을 'Predicted Growth' 열로 데이터프레임에 추가합니다. 최종 결과는 '데이터_완성본_XGBoost.xlsx' 파일로 저장됩니다.

❺ 모델 저장

학습된 XGBoost 모델과 사용된 스케일러들은 'xgboost_model.pkl', 'scaler_X_env.pkl', 'scaler_y_growth.pkl' 파일로 저장됩니다.

이 코드는 환경 변수를 기반으로 성장을 예측하는 간단한 머신러닝 모델을 만들고 저장하는 예제입니다.

프로그램 코드

01 모델학습

```python
import pandas as pd
import numpy as np
from sklearn.preprocessing import StandardScaler
from xgboost import XGBRegressor
import joblib
from sklearn.preprocessing import MinMaxScaler

# 데이터 불러오기 (날짜 열 제외)
data = pd.read_excel('D:/Data/Growth2.xlsx', parse_dates=['Date'])  # Date 열을 날짜 형식으로 불러옴

# 결측값 보간 (linear 방법 사용)
data['Growth'].interpolate(method='linear', inplace=True)

# Growth 값 추출
y_growth = data['Growth'].values
```

```python
# 환경 변수(Temp, RH, VPD, CO2) 추출

# X_env = data[['Temp', 'RH', 'VPD', 'CO2']].values
X_env = data[['Temp', 'RH', 'CO2']].values

# 데이터 스케일링 (StandardScaler 사용)
scaler_X_env = StandardScaler()
scaler_y_growth = StandardScaler()
X_env_scaled = scaler_X_env.fit_transform(X_env)
y_growth_scaled = scaler_y_growth.fit_transform(y_growth.reshape(-1, 1)).flatten()

# XGBoost 모델 생성
model = XGBRegressor(n_estimators=400, learning_rate=0.1, random_state=42)

# 모델 학습
model.fit(X_env_scaled, y_growth_scaled)

# 예측
predicted_growth_scaled = model.predict(X_env_scaled)

# 예측 결과 역정규화
predicted_growth = scaler_y_growth.inverse_transform(predicted_growth_scaled.reshape(-1, 1)).flatten()

# 예측된 Growth 값 출력
print("예측된 Growth 값:")
print(predicted_growth)

# 예측된 Growth 값을 데이터프레임에 추가
data['Predicted Growth'] = predicted_growth

# 결과를 엑셀 파일로 저장
data.to_excel('D:/Data/데이터_완성본_XGBoost.xlsx', index=False)
print("예측된 Growth 값을 엑셀 파일로 저장했습니다.")

# 모델 저장
joblib.dump(model, 'D:/Data/xgboost_model.pkl')
joblib.dump(scaler_X_env, 'D:/Data/scaler_X_env.pkl')
joblib.dump(scaler_y_growth, 'D:/Data/scaler_y_growth.pkl')
print("모델을 파일로 저장했습니다.")
```

모델 검증

```
import pandas as pd
import numpy as np
import joblib

# 저장된 XGBoost 모델과 스케일러 불러오기
model = joblib.load('D:/Data/xgboost_model.pkl')
scaler_X_env = joblib.load('D:/Data/scaler_X_env.pkl')
scaler_y_growth = joblib.load('D:/Data/scaler_y_growth.pkl')

# 새로운 환경 변수 데이터 불러오기 (날짜 정보 포함)
new_env_data = pd.read_excel('D:/Data/Growth_XGboost.xlsx', parse_dates=['Date'])

# 날짜 열을 제외한 환경 변수 데이터 추출
env_data = new_env_data[['Temp', 'RH', 'VPD', 'CO2']].values
# 환경 변수 스케일링
scaled_env_data = scaler_X_env.transform(env_data)

# 성장량 예측
predicted_growth_scaled = model.predict(scaled_env_data)

# 예측 결과 역정규화
predicted_growth = scaler_y_growth.inverse_transform(predicted_growth_scaled.reshape(-1, 1)).flatten()

# 예측된 Growth 값을 데이터프레임에 추가
new_env_data['Predicted Growth'] = predicted_growth

# 결과를 엑셀 파일로 저장
new_env_data.to_excel('D:/Data/Predicted_growth_Final.xlsx', index=False)
print("예측된 Growth 값을 새로운 엑셀 파일로 저장했습니다.")
```

```python
import pandas as pd
import joblib

# 저장된 XGBoost 모델과 스케일러 불러오기
model = joblib.load('D:/Data/xgboost_model.pkl')
scaler_X_env = joblib.load('D:/Data/scaler_X_env.pkl')
scaler_y_growth = joblib.load('D:/Data/scaler_y_growth.pkl')

# 엑셀 파일에서 날짜에 해당하는 환경 변수 데이터 불러오기
data = pd.read_excel('D:/Data/Growth_XGboost.xlsx', parse_dates=['Date'])
import itertools
# 각 환경 변수에 대한 네 가지 조정값 설정
# temp_adjustments = [-2.0, -1.0, 0.0, 1.0]  # Temp에 대한 조정값
# rh_adjustments = [-10, -5, 0.0, 5]  # RH에 대한 조정값
# co2_adjustments = [-100, -50, 0.0, 50]  # CO2에 대한 조정값
temp_adjustments = [-0.1, 0]  # Temp에 대한 조정값
rh_adjustments = [-1, 0]  # RH에 대한 조정값
co2_adjustments = [-5, 0]  # CO2에 대한 조정값

# 조정값 조합 생성
adjustment_combinations = list(itertools.product(temp_adjustments, rh_adjustments, co2_adjustments))

# 조정된 환경 변수 값과 예측값을 담을 리스트 생성
adjusted_results = []

# 조정된 환경 변수 값과 예측값을 담을 딕셔너리 생성
predicted_growth_results_dict = {}

# 각 조정값 조합에 대해 예측을 수행하고 결과를 리스트에 저장
for idx, (temp_adj, rh_adj, co2_adj) in enumerate(adjustment_combinations):
    temp_results, rh_results, co2_results, predicted_growth_results = [], [], [], []
    # 각 날짜에 대해 예측을 수행하고 결과를 리스트에 저장
    for index, row in data.iterrows():
        # 각 환경 변수에 대한 조정값을 가져와 적용
        adjusted_temp = row['Temp'] + temp_adj
        adjusted_rh = row['RH'] + rh_adj
        adjusted_co2 = row['CO2'] + co2_adj
        # 환경 변수 스케일링
```

```python
        scaled_env_variables = scaler_X_env.transform([[adjusted_temp, adjusted_rh, adjusted_co2]])
        # 성장량 예측
        predicted_growth_scaled = model.predict(scaled_env_variables)
        # 예측 결과 역정규화
        predicted_growth = scaler_y_growth.inverse_transform(predicted_growth_scaled.reshape(-1, 1)).flatten()
        # 조정된 환경 변수 값과 예측값을 리스트에 추가
        temp_results.append(adjusted_temp)
        rh_results.append(adjusted_rh)
        co2_results.append(adjusted_co2)
        predicted_growth_results.append(predicted_growth[0])
    # 결과를 데이터프레임으로 변환하여 리스트에 저장
    adjusted_results.append(pd.DataFrame({
        'Date': data['Date'],
        f'Adjusted Temp ({temp_adj})': temp_results,
        f'Adjusted RH ({rh_adj})': rh_results,
        f'Adjusted CO2 ({co2_adj})': co2_results,
        f'Predicted Growth ({temp_adj}, {rh_adj}, {co2_adj})': predicted_growth_results
    }))
    # 결과를 딕셔너리에 추가
    predicted_growth_results_dict[f'Predicted Growth ({temp_adj}, {rh_adj}, {co2_adj})'] = predicted_growth_results

# 결과를 엑셀 파일로 저장 (가로로 데이터가 출력됨)
with pd.ExcelWriter('D:/Data/Predicted_Growth_with_Adjustments.xlsx') as writer:
    for i, df in enumerate(adjusted_results):
        df.to_excel(writer, sheet_name=f'Results_{i}', index=False)

# 딕셔너리를 데이터프레임으로 변환하여 엑셀 파일로 저장
result_df = pd.DataFrame(predicted_growth_results_dict)
result_df.to_excel('D:/Data/Predicted_Growth_Results.xlsx', index=False)
print("예측된 Growth 결과를 엑셀 파일로 저장했습니다.")
```

설명

이 코드는 기존에 학습된 XGBoost 모델과 스케일러를 불러와서, 주어진 조정값 범위 내에서 환경 변수(Temp, RH, CO2)를 변화시키고 이에 따른 성장량을 예측하는 과정을 수행합니다. 코드의 주요 부분을 설명해보겠습니다.

❶ 데이터 불러오기

pd.read_excel('D:/Data/Growth_XGboost.xlsx', parse_dates=['Date']): 엑셀 파일에서 데이터를 불러와 날짜를 날짜 형식으로 파싱합니다.

❷ 조정값 설정

temp_adjustments, rh_adjustments, co2_adjustments: 각 환경 변수(Temp, RH, CO2)에 대한 조정값을 설정합니다.

❸ 조정값 조합 생성

itertools.product(temp_adjustments, rh_adjustments, co2_adjustments): 조정값 조합을 생성합니다.

❹ 예측 및 결과 저장

for temp_adj, rh_adj, co2_adj in adjustment_combinations:: 각 조정값 조합에 대해 반복합니다. 환경 변수에 조정값을 더해 스케일링하고, XGBoost 모델로 성장량을 예측합니다. 예측 결과를 역정규화하고, 조정된 환경 변수 및 예측된 성장량을 데이터프레임에 저장합니다.

❺ 결과 저장

예측 결과는 각 조정값 조합별로 시트로 구분하여 엑셀 파일('D:/Data/Predicted_Growth_with_Adjustments.xlsx')에 저장됩니다. 또한, 예측된 성장량 결과는 딕셔너리로 저장되고 이를 데이터프레임으로 변환하여 엑셀 파일('D:/Data/Predicted_Growth_Results.xlsx')로 저장됩니다. 이 코드는 주어진 조정값 범위 내에서 다양한 환경 변수의 조합에 대해 성장량을 예측하고, 그 결과를 엑셀 파일로 저장합니다. 이를 통해 환경 변수가 식물 성장에 미치는 영향을 조사하고 예측할 수 있습니다.

11 착색 단고추 색깔 분류

착색단고추의 과실 색깔을 분류하기 위한 프로그램입니다.

출처

https://www.kaggle.com/datasets/mostafahisham/bell-pepper

제목

Pepper Green, Pepper Red, Pepper Yellow

설명

이 코드는 TensorFlow와 Keras를 사용하여 컬러 이미지의 벨 페퍼(파프리카)를 3가지 색깔로 분류하는 간단한 Convolutional Neural Network (CNN) 모델을 만들고 훈련하는 방법을 보여줍니다. 코드를 각 부분별로 설명하겠습니다.

❶ 데이터 경로 설정

train_data_dir: 훈련 데이터셋의 경로를 지정합니다.
test_data_dir: 테스트 데이터셋의 경로를 지정합니다.

❷ 이미지 크기와 채널 설정

img_width, img_height: 이미지의 폭과 높이를 설정합니다. 여기서는 150x150 픽셀로 설정되어 있습니다.

input_shape: 이미지의 크기와 RGB 채널 (3)을 나타내는 튜플을 정의합니다.

❸ 이미지 데이터 제너레이터 설정

train_datagen: 훈련 데이터에 대한 이미지 데이터 제너레이터를 생성합니다. 이미지를 증강하기 위해 여러 변환을 적용합니다.

test_datagen: 테스트 데이터에 대한 이미지 데이터 제너레이터를 생성합니다. 여기서는 이미지 크기를 재조정만 합니다.

❹ 데이터 불러오기

train_generator: 훈련 데이터를 불러오는 데이터 제너레이터를 생성합니다. 클래스 모드를 categorical로 설정하여 다중 클래스 분류를 수행합니다.

test_generator: 테스트 데이터를 불러오는 데이터 제너레이터를 생성합니다.

❺ CNN 모델 구성

Sequential 모델을 사용하여 레이어를 차례대로 쌓습니다.

Conv2D: 2D 합성곱 레이어를 추가합니다. 여기서는 32개의 필터를 사용하고, 각 필터의 크기는 3x3입니다.

MaxPooling2D: 최대 풀링 레이어를 추가합니다. (2x2 윈도우를 사용하여 특징 맵을 절반으로 줄임)

Flatten: 다차원 특징 맵을 1차원으로 변환합니다.

Dense: 완전 연결 레이어를 추가합니다. 여기서는 64개의 뉴런을 사용하고, 활성화 함수로 ReLU를 사용합니다.

출력 레이어로 3개의 뉴런을 사용하고, softmax 활성화 함수를 사용하여 3가지 클래스로 분류합니다.

❻ 모델 컴파일

categorical_crossentropy 손실 함수를 사용하여 다중 클래스 분류를 위한 모델을 컴파일합니다. 옵티마이저로 adam을 사용합니다. 평가 지표로 accuracy를 사용합니다.

❼ 모델 훈련

fit 함수를 사용하여 훈련 데이터를 사용하여 모델을 훈련합니다. steps_per_epoch 및 validation_steps는 한 번의 에포크에서 데이터 제너레이터로부터 가져올 배치의 수를 나타냅니다.

❽ 모델 평가

evaluate 함수를 사용하여 테스트 데이터에 대한 모델의 정확도를 평가합니다. 평가된 정확도를 출력합니다.

이렇게 구성된 코드는 주어진 데이터셋에 대해 CNN 모델을 훈련하고, 테스트 데이터에 대해 평가하여 벨 페퍼의 색깔을 분류하는 작업을 수행합니다.

프로그램 코드

```python
import tensorflow as tf
from tensorflow.keras.models import Sequential
from tensorflow.keras.layers import Conv2D, MaxPooling2D, Flatten, Dense
from tensorflow.keras.preprocessing.image import ImageDataGenerator

# 데이터 경로 설정 (벨 페퍼 3가지 색깔 이미지가 있는 경로로 변경)
train_data_dir = 'D:/my_dataset/train'  # 훈련 데이터셋 경로
test_data_dir = 'D:/my_dataset/test'    # 테스트 데이터셋 경로

# 이미지 크기와 채널 설정
img_width, img_height = 150, 150  # 이미지 크기 (네트워크에 맞게 조절 가능)
input_shape = (img_width, img_height, 3)  # 3은 RGB 이미지를 나타냄

# 이미지 데이터 제너레이터 설정
train_datagen = ImageDataGenerator(rescale=1./255, shear_range=0.2, zoom_range=0.2, horizontal_flip=True)
test_datagen = ImageDataGenerator(rescale=1./255)

# 훈련 데이터 불러오기
train_generator = train_datagen.flow_from_directory(train_data_dir, target_size=(img_width, img_height),
                            batch_size=32, class_mode='categorical')  # class_mode를 categorical로 설정

# 테스트 데이터 불러오기
test_generator = test_datagen.flow_from_directory(test_data_dir, target_size=(img_width, img_height),
                            batch_size=32, class_mode='categorical')  # class_mode를 categorical로 설정

# CNN 모델 구성
model = Sequential()
model.add(Conv2D(32, (3, 3), input_shape=input_shape, activation='relu'))
model.add(MaxPooling2D(pool_size=(2, 2)))
model.add(Flatten())
model.add(Dense(64, activation='relu'))
model.add(Dense(3, activation='softmax'))  # 3가지 클래스를 분류하므로 출력 뉴런 수는 3, 활성화 함수는 softmax

# 모델 컴파일
model.compile(loss='categorical_crossentropy', optimizer='adam', metrics=['accuracy'])
```

```
# 모델 훈련
model.fit(train_generator, steps_per_epoch=len(train_generator), epochs=10,
        validation_data=test_generator, validation_steps=len(test_generator))

# 모델 평가
loss, accuracy = model.evaluate(test_generator, steps=len(test_generator))
print(f'Test Accuracy: {accuracy * 100:.2f}%')
```

참고사항

CNN(합성곱 신경망 - Convolutional Neural Network)은 주로 이미지 인식 및 영상 처리에 사용되는 딥러닝 알고리즘입니다. CNN은 기존의 신경망과 비교하여 이미지의 특성을 더 잘 파악할 수 있도록 설계되었습니다. 이를 위해 CNN은 합성곱층(Convolutional Layer)과 풀링층(Pooling Layer)을 포함한 특별한 종류의 레이어로 구성됩니다.

주요 구성 요소

합성곱층
Convolutional Layer

합성곱 연산을 수행합니다. 이미지의 작은 부분을 잘게 쪼개어 특징을 추출합니다.
여러 개의 필터(커널)을 사용하여 입력 이미지의 각 부분에 대해 특징 맵(feature map)을 생성합니다.
각 필터는 특정한 특징, 예를 들어 선, 모서리, 질감 등을 인식하는 데 사용됩니다.

활성화 함수
Activation Function

주로 ReLU(Rectified Linear Unit) 함수가 사용됩니다. 음수를 0으로 만들어 미분 가능한 비선형성을 부여합니다.

참고사항

❸ 풀링층
Pooling Layer

최대 풀링(Max Pooling) 또는 평균 풀링(Average Pooling)을 사용하여 특징 맵의 크기를 줄입니다.

공간 해상도를 감소시키고 계산량을 줄이는 데 도움을 줍니다.

❹ 완전 연결층
Fully Connected Layer

CNN의 마지막 부분에 위치하며, 이전 레이어에서 추출한 특징들을 기반으로 최종 예측을 수행합니다.

보통 하나 이상의 완전 연결층을 사용하여 최종 클래스를 분류합니다.

CNN의 장점

❶ 공간적 계층 구조를 이용한 특징 추출

CNN은 입력 이미지의 공간 구조를 보존하면서 특징을 추출할 수 있습니다. 합성곱 연산을 통해 이미지의 지역적인 패턴을 인식할 수 있습니다.

❷ 학습 가능한 필터

CNN은 데이터로부터 필터(커널)을 자동으로 학습하여 특징을 추출할 수 있습니다.

❸ 파라미터 공유

합성곱층에서는 필터가 이미지 전체에 적용되기 때문에 파라미터가 공유됩니다. 이로써 모델의 크기를 줄이고 학습을 더 효과적으로 할 수 있습니다.

이러한 특성들로 인해 CNN은 이미지 분류, 객체 검출, 세그멘테이션 등의 작업에서 탁월한 성능을 보이며, 현재까지도 많은 영상 처리 관련 응용에서 활용되고 있습니다.

12 착색 단고추 과중

착색단고추의 과고(과실 높이)와 과폭(과실 폭)으로 과중(과실 무게)을 예측하는 프로그램을 만들어 봅시다.

프로그램 코드

```python
# 필요한 라이브러리 임포트
import pandas as pd
import numpy as np
from sklearn.model_selection import train_test_split
from xgboost import XGBRegressor
from sklearn.tree import DecisionTreeRegressor
from sklearn.neighbors import KNeighborsRegressor
from sklearn.ensemble import RandomForestRegressor
from sklearn.linear_model import LinearRegression
from sklearn.ensemble import GradientBoostingRegressor
from sklearn.svm import SVR
from sklearn.preprocessing import StandardScaler
from sklearn.metrics import r2_score
from sklearn.preprocessing import PolynomialFeatures
# 엑셀 파일 읽기
파일경로 = 'D:/Data/Paprika.xlsx'  # 실제 파일 경로로 변경해야 합니다.
데이터프레임 = pd.read_excel(파일경로)
# 과고, 과폭, 과중 데이터 추출
과폭 = 데이터프레임['과폭'].values
과고 = 데이터프레임['과고'].values
과중 = 데이터프레임['과중'].values
# 데이터를 훈련 세트와 테스트 세트로 분할
X = np.column_stack((과고, 과폭))
```

다음 페이지에 계속

프로그램 코드

```python
y = 과중
# StandardScaler를 사용하여 특성 표준화
scaler = StandardScaler()
X_standardized = scaler.fit_transform(X)
# 다항 특성 추가
poly = PolynomialFeatures(degree=2)
X_poly = poly.fit_transform(X_standardized)
# 훈련 세트와 테스트 세트로 분할
X_train, X_test, y_train, y_test = train_test_split(X_poly, y, test_size=0.2, random_state=42)
# # DecisionTreeRegressor 모델 생성 및 훈련
# model = DecisionTreeRegressor(random_state=42)
# model.fit(X_train, y_train)
# # LinearRegression 모델 생성 및 훈련
# model = LinearRegression()
# model.fit(X_train, y_train)
# # SVR 모델 생성 및 훈련
# model = SVR()
# model.fit(X_train, y_train)
# # KNN 모델 생성 및 훈련
# model = KNeighborsRegressor()
# model.fit(X_train, y_train)
# # RandomForestRegressor 모델 생성 및 훈련
# model = RandomForestRegressor(random_state=42)
# model.fit(X_train, y_train)
# # GradientBoostingRegressor 모델 생성 및 훈련
# model = GradientBoostingRegressor(random_state=42)
# model.fit(X_train, y_train)
# XGBRegressor 모델 생성 및 훈련
model = XGBRegressor(random_state=42)
model.fit(X_train, y_train)
# 테스트 세트로 모델 평가
y_pred = model.predict(X_test)
# 모델 정확도 계산
score = r2_score(y_test, y_pred)
print(f"모델 정확도: {score * 100:.2f}%")
# 새로운 데이터로 과중 예측
새로운_과고 = 15
새로운_과폭 = 6
# 로그 변환 및 특성 조합
```

```python
새로운_데이터_transformed = np.array([[np.log(새로운_과고), np.log(새로운_과폭), 새로운_과고 * 새로운_과폭]])
# StandardScaler를 사용하여 표준화
새로운_데이터_standardized = scaler.transform(새로운_데이터_transformed[:, :2])
# 다항 특성 추가
새로운_데이터_poly = poly.transform(새로운_데이터_standardized)
# 모델 예측
예측된_과중 = model.predict(새로운_데이터_poly)
print(f"새로운 과고와 과폭에 대한 예측된 과중: {예측된_과중[0]:.2f}g")
```

참고사항

1. 데이터 불러오기 및 전처리
2. 데이터 전처리 및 특성 스케일링
3. 다항 특성 추가
4. 훈련 세트와 테스트 세트 분할
5. GradientBoostingRegressor 모델 훈련 및 평가
6. 새로운 데이터로 예측

```python
# 필요한 라이브러리 임포트
import pandas as pd
import numpy as np
from sklearn.model_selection import train_test_split
from xgboost import XGBRegressor
from sklearn.tree import DecisionTreeRegressor
from sklearn.neighbors import KNeighborsRegressor
from sklearn.ensemble import RandomForestRegressor
from sklearn.linear_model import LinearRegression
from sklearn.ensemble import GradientBoostingRegressor
from sklearn.svm import SVR
from sklearn.preprocessing import StandardScaler
from sklearn.metrics import r2_score
from sklearn.preprocessing import PolynomialFeatures
# 엑셀 파일 읽기
파일경로 = 'D:/Data/Paprika.xlsx'  # 실제 파일 경로로 변경해야 합니다.
데이터프레임 = pd.read_excel(파일경로)
# 과고, 과폭, 과중 데이터 추출
과폭 = 데이터프레임['과폭'].values
과고 = 데이터프레임['과고'].values
과중 = 데이터프레임['과중'].values
```

프로그램 코드

```python
# 데이터를 훈련 세트와 테스트 세트로 분할
X = np.column_stack((과고, 과폭))
y = 과중
# StandardScaler를 사용하여 특성 표준화
scaler = StandardScaler()
X_standardized = scaler.fit_transform(X)
# 다항 특성 추가
poly = PolynomialFeatures(degree=2)
X_poly = poly.fit_transform(X_standardized)
# 훈련 세트와 테스트 세트로 분할
X_train, X_test, y_train, y_test = train_test_split(X_poly, y, test_size=0.2, random_state=42)
# 모델 리스트
models = [
    DecisionTreeRegressor(random_state=42),
    LinearRegression(),
    SVR(),
    KNeighborsRegressor(),
    RandomForestRegressor(random_state=42),
    GradientBoostingRegressor(random_state=42),
    XGBRegressor(random_state=42)
]# 각 모델을 순회하면서 정확도 출력
for model in models:
    model.fit(X_train, y_train)
    y_pred = model.predict(X_test)
    score = r2_score(y_test, y_pred)
    model_name = model.__class__.__name__
    print(f"{model_name} 모델 정확도: {score * 100:.2f}%")
# 가장 정확한 모델 선택
best_model = max(models, key=lambda model: r2_score(y_test, model.predict(X_test)))
print(f"가장 정확한 모델: {best_model.__class__.__name__}")
# 새로운 데이터로 과중 예측
새로운_과고 = 15
새로운_과폭 = 6
# 로그 변환 및 특성 조합
새로운_데이터_transformed = np.array([[np.log(새로운_과고), np.log(새로운_과폭), 새로운_과고 * 새로운_과폭]])
# StandardScaler를 사용하여 표준화
새로운_데이터_standardized = scaler.transform(새로운_데이터_transformed[:, :2])
# 다항 특성 추가
```

```
새로운_데이터_poly = poly.transform(새로운_데이터_standardized)
# 모델 예측
예측된_과중 = best_model.predict(새로운_데이터_poly)
print(f"새로운 과고와 과폭에 대한 예측된 과중: {예측된_과중[0]:.2f}g")
from sklearn.linear_model import Ridge, Lasso, ElasticNet
# Ridge 모델 생성 및 훈련
ridge_model = Ridge(alpha=1.0)
ridge_model.fit(X_train, y_train)
# Lasso 모델 생성 및 훈련
lasso_model = Lasso(alpha=1.0)
lasso_model.fit(X_train, y_train)
# ElasticNet 모델 생성 및 훈련
elasticnet_model = ElasticNet(alpha=1.0, l1_ratio=0.5)
elasticnet_model.fit(X_train, y_train)
# 각 모델의 테스트 세트 정확도 출력
ridge_score = ridge_model.score(X_test, y_test)
lasso_score = lasso_model.score(X_test, y_test)
elasticnet_score = elasticnet_model.score(X_test, y_test)
print(f"Ridge 모델 정확도: {ridge_score * 100:.2f}%")
print(f"Lasso 모델 정확도: {lasso_score * 100:.2f}%")
print(f"ElasticNet 모델 정확도: {elasticnet_score * 100:.2f}%")
```

Random Forest 모델 R2 스코어	Gradient Boosting 모델 R2 스코어	XGBoost 모델 R2 스코어	Extra Trees 모델 R2 스코어	앙상블 모델 R2 스코어
62.12%	57.92%	59.53%	57.67%	60.08%

13 꽃 이미지 추출

사진 속에서 꽃을 추출할 수 있는 프로그램을 만들어 봅시다.

프로그램 코드
빨간색 꽃 추출

```python
import cv2
import numpy as np

# 이미지를 읽어옵니다.
image_path = 'D:/Data/flower.jpg'
image = cv2.imread(image_path)

# 이미지를 HSV로 변환합니다.
hsv = cv2.cvtColor(image, cv2.COLOR_BGR2HSV)

# 꽃의 색상 범위를 정의합니다. 여기서는 빨간색을 예로 듭니다.
lower_red = np.array([0, 100, 100])
upper_red = np.array([10, 255, 255])

# 색상 범위에 해당하는 부분을 추출합니다.
mask = cv2.inRange(hsv, lower_red, upper_red)

# 추출된 부분만 남기고 나머지는 검은색으로 만듭니다.
result = cv2.bitwise_and(image, image, mask=mask)

# 결과를 표시합니다.
cv2.imshow('Original Image', image)
cv2.imshow('Extracted Flowers', result)
cv2.waitKey(0)
\cv2.destroyAllWindows()
```

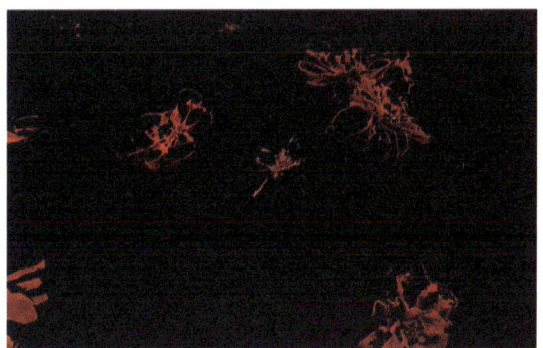

프로그램 코드

꽃 모두 추출

```
import cv2
import numpy as np
import tkinter as tk
from tkinter import Scale, Button, Entry, filedialog
def on_scale_change(event=None):
    lower_color = [hue_var.get(), sat_var.get(), val_var.get()]
    upper_color = [hue_var.get() + hue_range_var.get(), sat_var.get() + sat_range_var.get(), val_var.get() + val_range_var.get()]
    extract_flower_color(image_path, lower_color, upper_color)
def on_save():
    lower_color = [hue_var.get(), sat_var.get(), val_var.get()]
    upper_color = [hue_var.get() + hue_range_var.get(), sat_var.get() + sat_range_var.get(), val_var.get() + val_range_var.get()]
    save_path = filedialog.asksaveasfilename(defaultextension=".jpg", filetypes=[("JPEG files", "*.jpg"), ("All files", "*.*")])
    if save_path:
        save_extracted_flower_color(image_path, lower_color, upper_color, save_path)
def extract_flower_color(image_path, lower_color, upper_color):
    image = cv2.imread(image_path)
    hsv = cv2.cvtColor(image, cv2.COLOR_BGR2HSV)
    # 색상 범위에 해당하는 부분을 추출합니다.
    mask = cv2.inRange(hsv, np.array(lower_color), np.array(upper_color))
```

프로그램 코드
꽃 모두 추출

```python
        # 추출된 부분만 남기고 나머지는 검은색으로 만듭니다.
        result = cv2.bitwise_and(image, image, mask=mask)
        cv2.imshow('Original Image', image)
        cv2.imshow('Extracted Flower Color', result)
def save_extracted_flower_color(image_path, lower_color, upper_color, save_path):
        image = cv2.imread(image_path)
        hsv = cv2.cvtColor(image, cv2.COLOR_BGR2HSV)
        # 색상 범위에 해당하는 부분을 추출합니다.
        mask = cv2.inRange(hsv, np.array(lower_color), np.array(upper_color))
        # 추출된 부분만 남기고 나머지는 검은색으로 만듭니다.
        result = cv2.bitwise_and(image, image, mask=mask)
        # 추출된 이미지를 저장합니다.
        cv2.imwrite(save_path, result)
        print(f"Extracted image saved at {save_path}")
# 이미지 경로를 지정합니다.
image_path = 'D:/Data/flower.jpg'
# Tkinter 창을 생성합니다.
root = tk.Tk()
root.title("Color Range Selector")
# 초기 입력값을 설정합니다.
initial_values = [
        (0, 180),  # Hue
        (0, 255),  # Saturation
        (0, 255),  # Value
]# 변수들을 생성합니다.
hue_var = tk.IntVar()
sat_var = tk.IntVar()
val_var = tk.IntVar()
hue_range_var = tk.IntVar()
sat_range_var = tk.IntVar()
val_range_var = tk.IntVar()
# 초기값 설정
hue_var.set(initial_values[0][0])
sat_var.set(initial_values[1][0])
val_var.set(initial_values[2][0])
```

```
hue_range_var.set(initial_values[0][1] - initial_values[0][0])
sat_range_var.set(initial_values[1][1] - initial_values[1][0])
val_range_var.set(initial_values[2][1] - initial_values[2][0])
# 스크롤바 추가
hue_slider = Scale(root, from_=0, to=180, variable=hue_var, label="Hue", command=on_scale_change, orient=tk.HORIZONTAL)
sat_slider = Scale(root, from_=0, to=255, variable=sat_var, label="Saturation", command=on_scale_change, orient=tk.HORIZONTAL)
val_slider = Scale(root, from_=0, to=255, variable=val_var, label="Value", command=on_scale_change, orient=tk.HORIZONTAL)
hue_range_slider = Scale(root, from_=0, to=180, variable=hue_range_var, label="Hue Range", command=on_scale_change, orient=tk.HORIZONTAL)
sat_range_slider = Scale(root, from_=0, to=255, variable=sat_range_var, label="Saturation Range", command=on_scale_change, orient=tk.HORIZONTAL)
val_range_slider = Scale(root, from_=0, to=255, variable=val_range_var, label="Value Range", command=on_scale_change, orient=tk.HORIZONTAL)
# 스크롤바 배치
hue_slider.pack()
sat_slider.pack()
val_slider.pack()
hue_range_slider.pack()
sat_range_slider.pack()
val_range_slider.pack()
# "Save to File" 버튼 추가
save_button = Button(root, text="Save to File", command=on_save)
save_button.pack()
# 초기 이미지를 표시합니다.
initial_lower_color = [hue_var.get(), sat_var.get(), val_var.get()]
initial_upper_color = [hue_var.get() + hue_range_var.get(), sat_var.get() + sat_range_var.get(), val_var.get() + val_range_var.get()]
extract_flower_color(image_path, initial_lower_color, initial_upper_color)
root.mainloop()
```

프로그램 코드
꽃 모두 추출

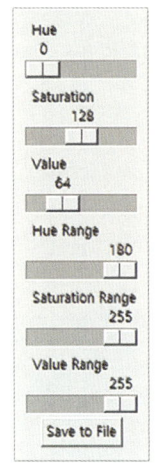

참고사항

1. 라이브러리 임포트
2. 콜백 함수 정의
3. 저장 콜백 함수 정의
4. 꽃 색상 추출 함수 정의
5. 꽃 색상 저장 함수 정의
6. 이미지 경로 지정
7. Tkinter 창 및 위젯 생성
8. 초기값 설정 및 변수 생성
9. 스케일 및 버튼 위젯 생성
10. 위젯 배치
11. Save to File 버튼 추가
12. 초기 이미지 표시
13. Tkinter 이벤트 루프 시작

프로그램 코드
꽃 외곽 추출

```python
import cv2
import numpy as np
import tkinter as tk
from tkinter import Scale, Button, filedialog
def on_scale_change(event=None):
    lower_color = [hue_var.get(), sat_var.get(), val_var.get()]
    upper_color = [hue_var.get() + hue_range_var.get(), sat_var.get() + sat_range_var.get(), val_var.get() + val_range_var.get()]
    extract_and_display(image_path, lower_color, upper_color)
def on_save():
    lower_color = [hue_var.get(), sat_var.get(), val_var.get()]
    upper_color = [hue_var.get() + hue_range_var.get(), sat_var.get() + sat_range_var.get(), val_var.get() + val_range_var.get()]
    save_path = filedialog.asksaveasfilename(defaultextension=".jpg", filetypes=[("JPEG files", "*.jpg"), ("All files", "*.*")])
    if save_path:
        save_extracted_flower_color(image_path, lower_color, upper_color, save_path)
def extract_and_display(image_path, lower_color, upper_color):
    image = cv2.imread(image_path)
    hsv = cv2.cvtColor(image, cv2.COLOR_BGR2HSV)
    # 색상 범위에 해당하는 부분을 추출합니다.
    mask = cv2.inRange(hsv, np.array(lower_color), np.array(upper_color))
    result_masked = cv2.bitwise_and(image, image, mask=mask)
    # 외곽선을 찾습니다.
    contours, _ = cv2.findContours(mask, cv2.RETR_EXTERNAL, cv2.CHAIN_APPROX_SIMPLE)
    # 외곽선을 원본 이미지에 그립니다.
    cv2.drawContours(result_masked, contours, -1, (0, 255, 0), 2)
    # 이미지 창에 결과를 표시합니다.
    cv2.imshow('Extracted Flower Color', result_masked)
def save_extracted_flower_color(image_path, lower_color, upper_color, save_path):
    image = cv2.imread(image_path)
    hsv = cv2.cvtColor(image, cv2.COLOR_BGR2HSV)
    # 색상 범위에 해당하는 부분을 추출합니다.
    mask = cv2.inRange(hsv, np.array(lower_color), np.array(upper_color))
    result = cv2.bitwise_and(image, image, mask=mask)
    # 외곽선을 찾습니다.
    contours, _ = cv2.findContours(mask, cv2.RETR_EXTERNAL, cv2.CHAIN_APPROX_SIMPLE)
```

다음 페이지에 계속

프로그램 코드
꽃 외곽 추출

```python
        # 외곽선을 원본 이미지에 그립니다.
        cv2.drawContours(result, contours, -1, (0, 255, 0), 2)
        # 추출된 이미지를 저장합니다.
        cv2.imwrite(save_path, result)
        print(f"Extracted image with contours saved at {save_path}")
# 이미지 경로를 지정합니다.
image_path = 'D:/Data/flower.jpg'
# Tkinter 창을 생성합니다.
root = tk.Tk()
root.title("Color Range Viewer")
# 초기 입력값을 설정합니다.
initial_values = [
    (0, 180),  # Hue
    (0, 255),  # Saturation
    (0, 255),  # Value
]# 변수들을 생성합니다.
hue_var = tk.IntVar()
sat_var = tk.IntVar()
val_var = tk.IntVar()
hue_range_var = tk.IntVar()
sat_range_var = tk.IntVar()
val_range_var = tk.IntVar()
# 초기값 설정
hue_var.set(initial_values[0][0])
sat_var.set(initial_values[1][0])
val_var.set(initial_values[2][0])
hue_range_var.set(initial_values[0][1] - initial_values[0][0])
sat_range_var.set(initial_values[1][1] - initial_values[1][0])
val_range_var.set(initial_values[2][1] - initial_values[2][0])
# 스크롤바 추가
hue_slider = Scale(root, from_=0, to=180, variable=hue_var, label="Hue", command=on_scale_change, orient=tk.HORIZONTAL)
sat_slider = Scale(root, from_=0, to=255, variable=sat_var, label="Saturation", command=on_scale_change, orient=tk.HORIZONTAL)
val_slider = Scale(root, from_=0, to=255, variable=val_var, label="Value", command=on_scale_change, orient=tk.HORIZONTAL)
hue_range_slider = Scale(root, from_=0, to=180, variable=hue_range_var, label="Hue Range",
```

```
command=on_scale_change, orient=tk.HORIZONTAL)
sat_range_slider = Scale(root, from_=0, to=255, variable=sat_range_var, label="Saturation Range", command=on_scale_change, orient=tk.HORIZONTAL)
val_range_slider = Scale(root, from_=0, to=255, variable=val_range_var, label="Value Range", command=on_scale_change, orient=tk.HORIZONTAL)
# 스크롤바 배치
hue_slider.pack()
sat_slider.pack()
val_slider.pack()
hue_range_slider.pack()
sat_range_slider.pack()
val_range_slider.pack()
# "Save to File" 버튼 추가
save_button = Button(root, text="Save to File", command=on_save)
save_button.pack()
# 초기 이미지를 표시합니다.
initial_lower_color = [hue_var.get(), sat_var.get(), val_var.get()]
initial_upper_color = [hue_var.get() + hue_range_var.get(), sat_var.get() + sat_range_var.get(), val_var.get() + val_range_var.get()]
extract_and_display(image_path, initial_lower_color, initial_upper_color)
# Tkinter 이벤트 루프 시작
root.mainloop()
# 이미지 창이 닫힐 때 OpenCV 창도 닫히도록 합니다.
cv2.destroyAllWindows()
```

프로그램 코드
외곽선 안의 면적

```python
import cv2
import numpy as np
import tkinter as tk
from tkinter import Scale, Button, filedialog
def on_scale_change(event=None):
    lower_color = [hue_var.get(), sat_var.get(), val_var.get()]
    upper_color = [hue_var.get() + hue_range_var.get(), sat_var.get() + sat_range_var.get(), val_var.get() + val_range_var.get()]
    extract_and_display(image_path, lower_color, upper_color)
def on_save():
    lower_color = [hue_var.get(), sat_var.get(), val_var.get()]
    upper_color = [hue_var.get() + hue_range_var.get(), sat_var.get() + sat_range_var.get(), val_var.get() + val_range_var.get()]
    # 전체 외곽선 면적 계산
    total_area = calculate_total_contour_area(image_path, lower_color, upper_color)
    save_path = filedialog.asksaveasfilename(defaultextension=".jpg", filetypes=[("JPEG files", "*.jpg"), ("All files", "*.*")])
    if save_path:
        # 이미지에 전체 외곽선 면적 텍스트 추가
        image_with_area = add_area_text_to_image(image_path, lower_color, upper_color, total_area)
        cv2.imwrite(save_path, image_with_area)
        print(f"Extracted image with contours and area saved at {save_path}")
        # 파일에 전체 외곽선 면적 저장
        save_area_to_file(save_path, total_area)
        print(f"Extracted image area saved to {save_path}.txt")
def calculate_total_contour_area(image_path, lower_color, upper_color):
    image = cv2.imread(image_path)
    hsv = cv2.cvtColor(image, cv2.COLOR_BGR2HSV)
    # 색상 범위에 해당하는 부분을 추출합니다.
    mask = cv2.inRange(hsv, np.array(lower_color), np.array(upper_color))
    result_masked = cv2.bitwise_and(image, image, mask=mask)
    # 외곽선을 찾습니다.
    contours, _ = cv2.findContours(mask, cv2.RETR_EXTERNAL, cv2.CHAIN_APPROX_SIMPLE)
    # 전체 외곽선 면적 계산
    total_area = 0
    for contour in contours:
```

```
        total_area += cv2.contourArea(contour)
    return total_area
def extract_and_display(image_path, lower_color, upper_color):
    image = cv2.imread(image_path)
    hsv = cv2.cvtColor(image, cv2.COLOR_BGR2HSV)
    # 색상 범위에 해당하는 부분을 추출합니다.
    mask = cv2.inRange(hsv, np.array(lower_color), np.array(upper_color))
    result_masked = cv2.bitwise_and(image, image, mask=mask)
    # 외곽선을 찾습니다.
    contours, _ = cv2.findContours(mask, cv2.RETR_EXTERNAL, cv2.CHAIN_APPROX_SIMPLE)
    # 외곽선을 원본 이미지에 그립니다.
    cv2.drawContours(result_masked, contours, -1, (0, 255, 0), 2)
    # 이미지 창에 결과를 표시합니다.
    cv2.imshow('Extracted Flower Color', result_masked)
def add_area_text_to_image(image_path, lower_color, upper_color, total_area):
    image = cv2.imread(image_path)
    hsv = cv2.cvtColor(image, cv2.COLOR_BGR2HSV)
    # 색상 범위에 해당하는 부분을 추출합니다.
    mask = cv2.inRange(hsv, np.array(lower_color), np.array(upper_color))
    result_masked = cv2.bitwise_and(image, image, mask=mask)
    # 외곽선을 찾습니다.
    contours, _ = cv2.findContours(mask, cv2.RETR_EXTERNAL, cv2.CHAIN_APPROX_SIMPLE)
    # 외곽선을 원본 이미지에 그립니다.
    cv2.drawContours(result_masked, contours, -1, (0, 255, 0), 2)
    # 이미지에 전체 외곽선 면적 텍스트 추가
    font = cv2.FONT_HERSHEY_SIMPLEX
    cv2.putText(result_masked, f"Total Area: {total_area:.2f} pixels", (10, 50), font, 1, (255, 255, 255), 2, cv2.LINE_AA)
    return result_masked
def save_area_to_file(save_path, total_area):
    # 파일명에 전체 외곽선 면적 추가
    text_file_path = save_path.replace(".jpg", ".txt")
    with open(text_file_path, 'w') as file:
        file.write(f"Total Area: {total_area:.2f} pixels")
# 이미지 경로를 지정합니다.
image_path = 'D:/Data/flower.jpg'
# Tkinter 창을 생성합니다.
root = tk.Tk()
```

프로그램 코드
외곽선 안의 면적

```python
root.title("Color Range Viewer")
# 초기 입력값을 설정합니다.
initial_values = [
    (0, 180),  # Hue
    (0, 255),  # Saturation
    (0, 255),  # Value
]# 변수들을 생성합니다.
hue_var = tk.IntVar()
sat_var = tk.IntVar()
val_var = tk.IntVar()
hue_range_var = tk.IntVar()
sat_range_var = tk.IntVar()
val_range_var = tk.IntVar()
# 초기값 설정
hue_var.set(initial_values[0][0])
sat_var.set(initial_values[1][0])
val_var.set(initial_values[2][0])
hue_range_var.set(initial_values[0][1] - initial_values[0][0])
sat_range_var.set(initial_values[1][1] - initial_values[1][0])
val_range_var.set(initial_values[2][1] - initial_values[2][0])
# 스크롤바 추가
hue_slider = Scale(root, from_=0, to=180, variable=hue_var, label="Hue", command=on_scale_change, orient=tk.HORIZONTAL)
sat_slider = Scale(root, from_=0, to=255, variable=sat_var, label="Saturation", command=on_scale_change, orient=tk.HORIZONTAL)
val_slider = Scale(root, from_=0, to=255, variable=val_var, label="Value", command=on_scale_change, orient=tk.HORIZONTAL)
hue_range_slider = Scale(root, from_=0, to=180, variable=hue_range_var, label="Hue Range", command=on_scale_change, orient=tk.HORIZONTAL)
sat_range_slider = Scale(root, from_=0, to=255, variable=sat_range_var, label="Saturation Range", command=on_scale_change, orient=tk.HORIZONTAL)
val_range_slider = Scale(root, from_=0, to=255, variable=val_range_var, label="Value Range", command=on_scale_change, orient=tk.HORIZONTAL)
# 스크롤바 배치
hue_slider.pack()
sat_slider.pack()
val_slider.pack()
hue_range_slider.pack()
```

```
sat_range_slider.pack()
val_range_slider.pack()
# "Save to File" 버튼 추가
save_button = Button(root, text="Save to File", command=on_save)
save_button.pack()
# 초기 이미지를 표시합니다.
initial_lower_color = [hue_var.get(), sat_var.get(), val_var.get()]
initial_upper_color = [hue_var.get() + hue_range_var.get(), sat_var.get() + sat_range_var.get(), val_var.get() + val_range_var.get()]
extract_and_display(image_path, initial_lower_color, initial_upper_color)
# Tkinter 이벤트 루프 시작
root.mainloop()
# 이미지 창이 닫힐 때 OpenCV 창도 닫히도록 합니다.
cv2.destroyAllWindows()
```

14 Pygame 기본 프로그램

Pygame는 Python으로 작성 가능한 게임 등의 멀티미티어 표현을 위한 라이브러리이다. 오픈 소스이자 무료 도구이며, Python을 돌릴 수 있는 플랫폼이라면 어디서든 실행할 수 있다. 아래와 같은 기본적인 코딩으로 첫화면을 만들어 봅시다.

프로그램 코드

```python
import pygame

#pygame초기화
pygame.init()

#창 크기 설정
WINDOW_WIDTH = 800
WINDOW_HEIGHT = 600

#창 설정
display_surface = pygame.display.set_mode((WINDOW_WIDTH, WINDOW_HEIGHT))
pygame.display.set_caption("Hello World!")

#게임이 동작하는 동안 이벤트
running = True
while running:
    for event in pygame.event.get():
        if event.type == pygame.QUIT:
            running = False

pygame.quit()
```

실행결과 화면

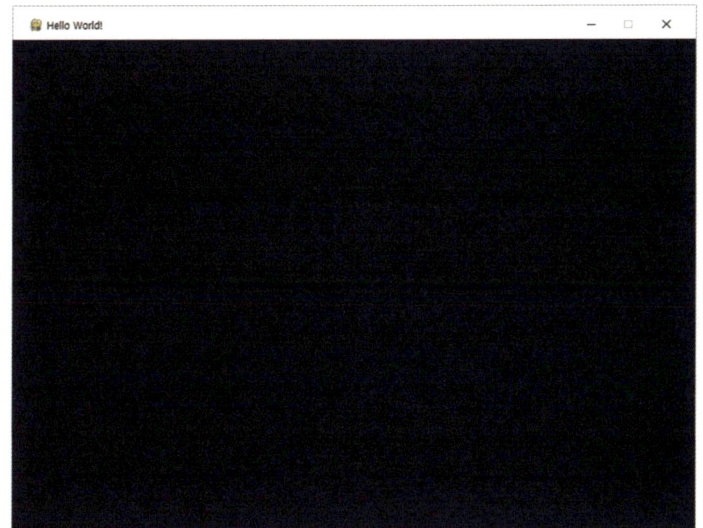

15 Hello World

Pygame 라이브러리를 사용하여 화면에 'Hello World !'를 출력해 봅시다.

프로그램 코드

```python
import pygame

# Pygame 초기화
pygame.init()

# 창 크기 설정
WINDOW_WIDTH = 800
WINDOW_HEIGHT = 600

# 창 설정
display_surface = pygame.display.set_mode((WINDOW_WIDTH, WINDOW_HEIGHT))
pygame.display.set_caption("Hello World!")

# 폰트 설정
font = pygame.font.Font(None, 72)  # 폰트 크기 36으로 설정

# 게임이 동작하는 동안 이벤트
running = True
while running:
    for event in pygame.event.get():
        if event.type == pygame.QUIT:
            running = False
```

다음 페이지에 계속

```python
    # 화면에 "Hello World!" 텍스트 출력
    text = font.render("Hello World!", True, (0, 0, 0))  # 검은색 텍스트 생성
    text_rect = text.get_rect(center=(WINDOW_WIDTH // 2, WINDOW_HEIGHT // 2))  # 텍스트 위치 설정
    display_surface.fill((255, 255, 255))  # 화면을 하얀색으로 채우기
    display_surface.blit(text, text_rect)  # 텍스트를 화면에 그리기

    pygame.display.update()  # 화면 업데이트

pygame.quit()
```

	실행결과 화면

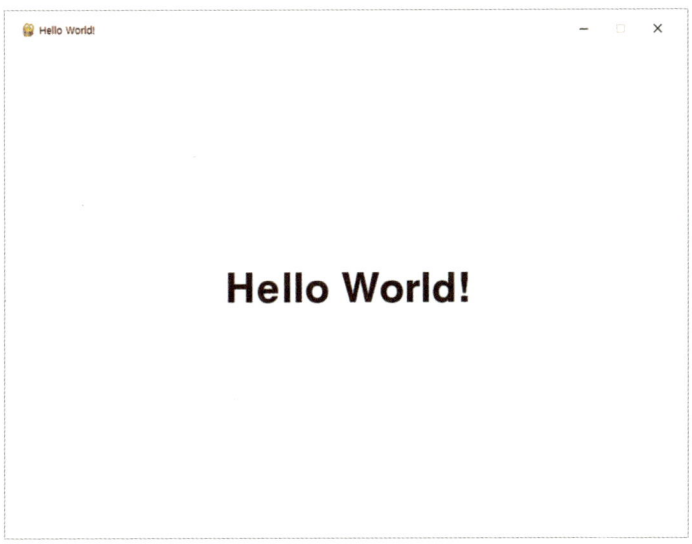

16 이미지 붙이기

Pygame 라이브러리를 사용하여 윈도우 창에 이미지를 붙여봅시다.

프로그램 코드

```
import pygame

# pygame 초기화
pygame.init()

# 창 크기 설정
WINDOW_WIDTH = 800
WINDOW_HEIGHT = 600

# 창 설정
display_surface = pygame.display.set_mode((WINDOW_WIDTH, WINDOW_HEIGHT))
pygame.display.set_caption("이미지 붙이기")

# 이미지 불러오기 및 크기 조정
logo_image = pygame.image.load("Logo.jpg")
logo_image = pygame.transform.scale(logo_image, (logo_image.get_width() // 2, logo_image.get_height() // 2))
logo_rect = logo_image.get_rect()
logo_rect.topleft = (100, 100)

# 게임 실행
running = True
```

```
while running:
    for event in pygame.event.get():
        if event.type == pygame.QUIT:
            running = False

    display_surface.fill((255, 255, 255))  # 화면을 하얀색으로 채우기
    display_surface.blit(logo_image, logo_rect)

    pygame.display.update()

pygame.quit()
```

	실행결과 화면

17 이미지 크기 변경하기

Pygame 라이브러리를 사용하여 이미지가 클 경우 이미지 크기를 윈도우 창의 사이즈에 맞게 조정합니다.

프로그램 코드

```
import pygame

# pygame 초기화
pygame.init()

# 창 크기 설정
WINDOW_WIDTH = 800
WINDOW_HEIGHT = 600

# 창 설정
display_surface = pygame.display.set_mode((WINDOW_WIDTH, WINDOW_HEIGHT))
pygame.display.set_caption("이미지 붙이기")

# 이미지 불러오기 및 크기 조정
logo_image = pygame.image.load("Logo.jpg")
logo_image = pygame.transform.scale(logo_image,(logo_image.get_width() // 4, logo_image.get_height() // 4))
logo_rect = logo_image.get_rect()
logo_rect.topleft = (100, 100)

# 게임 실행
running = True
while running:
    for event in pygame.event.get():
```

```
if event.type == pygame.QUIT:
running = False

display_surface.fill((255, 255, 255))  # 화면을 하얀색으로 채우기
display_surface.blit(logo_image, logo_rect)

pygame.display.update()
pygame.quit()
```

	실행결과 화면

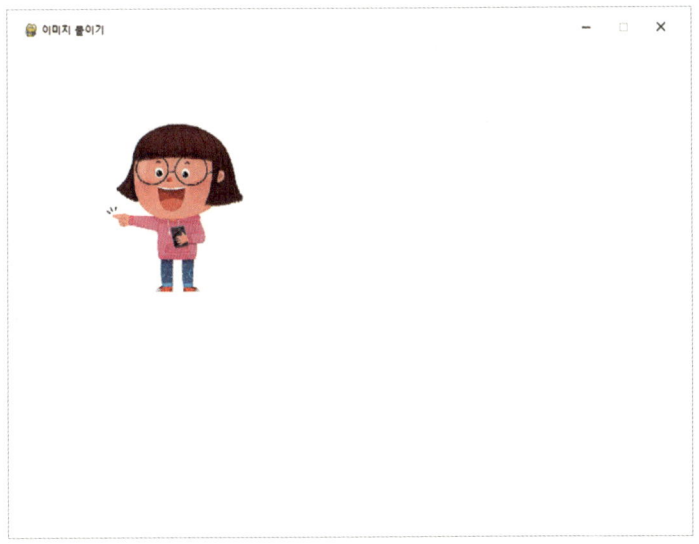

18 키보드 이벤트

Pygame 라이브러리를 사용하여 캐릭터를 키보드로 이동하여 원하는 위치에 가도록 합시다.

프로그램 코드

```
import pygame

#pygame 초기화
pygame.init()

#창 크기 설정
WINDOW_WIDTH = 800
WINDOW_HEIGHT = 600

#창 설정
display_surface = pygame.display.set_mode((WINDOW_WIDTH, WINDOW_HEIGHT))
pygame.display.set_caption("이미지 키보드 이벤트")

clock = pygame.time.Clock()

#이미지 붙이고 설정
logo_image = pygame.image.load("Logo.jpg")
logo_image = pygame.transform.scale(logo_image, (logo_image.get_width() // 4, logo_image.get_height() // 4))
logo_rect = logo_image.get_rect()
logo_rect.centerx = (WINDOW_WIDTH // 2)
logo_rect.bottom = (WINDOW_HEIGHT // 2)

#게임이 동작하는 동안 이벤트
running = True
while running:
    for event in pygame.event.get():
        if event.type == pygame.QUIT:
            running = False

    #키보드가 눌러졌을 때 발생하는 이벤트 지정
    keys = pygame.key.get_pressed()

    #방향키에 대한 키보드 이벤트, 알파벳을 이용한 키보드 이벤트
```

```
#캐릭터가 화면 밖으로 나가지 않도록 제한
if keys[pygame.K_LEFT] or keys[pygame.K_a] and logo_rect.left > 0:
    logo_rect.x -= 5
if keys[pygame.K_RIGHT] or keys[pygame.K_d] and logo_rect.right < WINDOW_WIDTH:
    logo_rect.x += 5
if keys[pygame.K_UP] or keys[pygame.K_w] and logo_rect.top > 0:
    logo_rect.y -= 5
if keys[pygame.K_DOWN] or keys[pygame.K_s] and logo_rect.bottom < WINDOW_HEIGHT:
    logo_rect.y += 5

display_surface.fill((0, 0, 0))  # 화면을 검정색으로 채우기

display_surface.blit(logo_image, logo_rect)

#디스플레이 업데이트
pygame.display.update()

#분당 프레임 설정
clock.tick(60)

pygame.quit()
```

실행결과 화면

19 마우스 이벤트

Pygame 라이브러리를 사용하여 캐릭터를 키보드로 이동하여 원하는 위치에 가도록 합시다.

프로그램 코드

```python
import pygame
#pygmme초기화
pygame.init()
#창 크기 설정
WINDOW_WIDTH = 800
WINDOW_HEIGHT = 600
#창 설정
display_surface = pygame.display.set_mode((WINDOW_WIDTH, WINDOW_HEIGHT))
pygame.display.set_caption("마우스 이벤트 적용하기")
clock = pygame.time.Clock()
#이미지 붙이고 설정
logo_image = pygame.image.load("Logo.jpg")
logo_image = pygame.transform.scale(logo_image,(logo_image.get_width() // 4, logo_image.get_height() // 4))
logo_rect = logo_image.get_rect()
logo_rect.centerx = (WINDOW_WIDTH//2)
logo_rect.bottom = (WINDOW_HEIGHT//2)
#게임이 동작하는 동안 이벤트
running = True
while running:
    for event in pygame.event.get():
        if event.type == pygame.QUIT:
            running = False
    #마우스 버튼이 클릭 했을 이벤트 적용
    #pos[0]은 마우스의 x좌표, pos[1]은 마우스의 y좌표를 설정
    #가져온 마우스 위치 정보를 이미지의 x, y좌표에 적용
    if event.type == pygame.MOUSEBUTTONDOWN:
        mouse_x = event.pos[0]
        mouse_y = event.pos[1]
```

```
        logo_rect.centerx = mouse_x
        logo_rect.centery = mouse_y
    #마우스가 움직을 때 이벤트 적용
    #마우스를 클릭한 상태에서 움직이는 것을 동시에 확인
    #가져온 마우스 위치 정보를 이미지의 x, y좌표에 적용
    if event.type == pygame.MOUSEMOTION and event.buttons[0] == 1:
        mouse_x = event.pos[0]
        mouse_y = event.pos[1]
        logo_rect.centerx = mouse_x
        logo_rect.centery = mouse_y
    display_surface.fill((255,255,255))
    display_surface.blit(logo_image, logo_rect)
    #디스플레이 업데이트
    pygame.display.update()
    #분당 프레임 설정
    clock.tick(60)
pygame.quit()
```

실행결과 화면

20 온습도 측정하기

Pygame 라이브러리를 사용하여 아두이노 코드 연결은 다음과 같습니다.

아두이노 연결	
	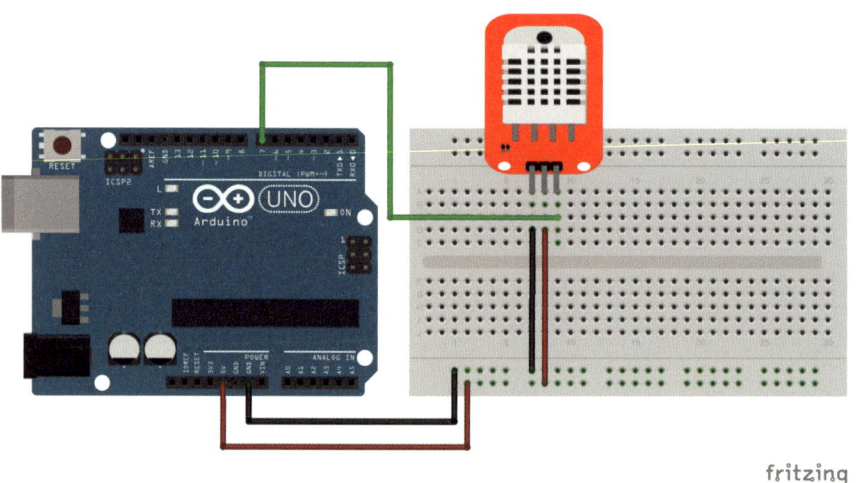 fritzing

아두이노 프로그램 코드

```cpp
#include "DHT.h"
#define DHTPIN 7
#define DHTTYPE DHT11
DHT dht(DHTPIN, DHTTYPE);

void setup() {
    // put your setup code here, to run once:
    dht.begin();
    Serial.begin(9600);
}

void loop() {
    // put your main code here, to run repeatedly:
    delay(2000);
    int h = dht.readHumidity();
    int t = dht.readTemperature();
    Serial.print(t);
    Serial.print(", ");
    Serial.println(h);
}
```

프로그램 코드

```python
import pygame
import serial
import time

# Pygame 초기화
pygame.init()

# 화면 설정
screen_size = (800, 600)
screen = pygame.display.set_mode(screen_size)
pygame.display.set_caption('Greenhouse Environment')

# 폰트 설정
font = pygame.font.Font(None, 72)  # 폰트 크기 36으로 설정
```

프로그램 코드

```python
# 색상 설정
white = (255, 255, 255)
black = (0, 0, 0)

# Arduino와 시리얼 통신 설정
try:
    arduino = serial.Serial('COM25', 9600)  # COM 포트는 실제 연결된 포트로 변경해야 합니다.
    time.sleep(2)  # 시리얼 통신이 안정될 때까지 대기
except serial.SerialException as e:
    print(f"Error opening the serial port: {e}")
    pygame.quit()
    exit()

# 게임이 동작하는 동안 이벤트
running = True
temperature = "N/A"
humidity = "N/A"
while running:
    for event in pygame.event.get():
        if event.type == pygame.QUIT:
            running = False
    # 시리얼 데이터 읽기
    if arduino.in_waiting > 0:
        line = arduino.readline().decode('utf-8').strip()
        if "," in line:
            temperature, humidity = line.split(",")

    # 화면 그리기
    screen.fill(white)
    temp_text = font.render(f"Temperature: {temperature} °C", True, black)
    hum_text = font.render(f"Humidity: {humidity} %", True, black)
    screen.blit(temp_text, (50, 150))
    screen.blit(hum_text, (50, 300))

    pygame.display.flip()
```

```
# 프레임 속도 설정
pygame.time.Clock().tick(60)

# Pygame 종료
pygame.quit()

# 시리얼 통신 종료
arduino.close()
```

	실행결과 화면

Temperature: 23 °C

Humidity: 22 %

21 온습도 환경 계측과 제어하기

Pygame 라이브러리를 사용하여 온습도를 측정한 다음 릴레이를 통해 난방하는 프로그램을 만들어 봅시다.

아두이노 연결

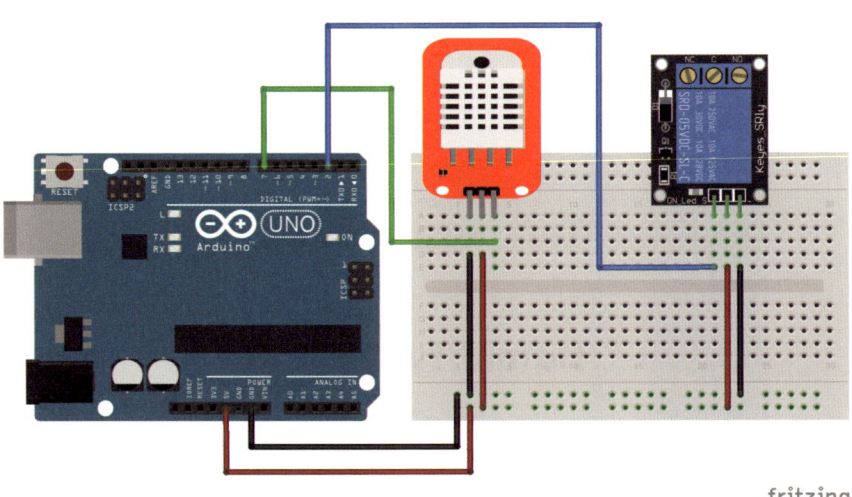

아두이노 프로그램 코드

```
#include "DHT.h"
#define DHTPIN 7
#define DHTTYPE DHT11
#define Heater 2

DHT dht(DHTPIN, DHTTYPE);

void setup() {
   // put your setup code here, to run once:
   pinMode(Heater, OUTPUT);
   dht.begin();
   Serial.begin(9600);
}

void loop() {
   // put your main code here, to run repeatedly:
   delay(2000);
   int h = dht.readHumidity();
   int t = dht.readTemperature();
   Serial.print(t);
   Serial.print(", ");
   Serial.println(h);

   if (Serial.available()) {
      delay(3);
      char c = Serial.read();

      if (c == 'a') {
         digitalWrite(Heater, HIGH);
      }
      if (c == 'b') {
         digitalWrite(Heater, LOW);
      }
   }
}
```

프로그램 코드

```python
import pygame
import serial
import time

# Pygame initialization
pygame.init()

# Screen setup
screen_size = (800, 600)
screen = pygame.display.set_mode(screen_size)
pygame.display.set_caption('Greenhouse Environment')

# Font and color setup
font = pygame.font.Font(None, 30)
button_font = pygame.font.Font(None, 30)
white = (255, 255, 255)
black = (0, 0, 0)
blue = (0, 0, 255)
red = (255, 0, 0)
green = (0, 255, 0)
gray = (128, 128, 128)

# Arduino serial communication setup
try:
    arduino = serial.Serial('COM4', 9600)  # Change to the actual connected port
    time.sleep(2)
except serial.SerialException as e:
    print(f"Error opening the serial port: {e}")
    pygame.quit()
    exit()

# Button class definition
class Button:
    def __init__(self, text, pos, color, action):
        self.text = text
        self.pos = pos
        self.color = color
        self.action = action
        self.rect = pygame.Rect(pos[0], pos[1], 100, 50)
```

```python
    def draw(self, screen):
        pygame.draw.rect(screen, self.color, self.rect)
        text_surf = button_font.render(self.text, True, white)
        text_rect = text_surf.get_rect(center=self.rect.center)
        screen.blit(text_surf, text_rect)

    def is_clicked(self, event):
        return self.rect.collidepoint(event.pos)

# Heater frame class definition
class HeaterFrame:
    def __init__(self):
        self.rect = pygame.Rect(570, 400, 100, 100)
        self.color = gray

    def draw(self, screen):
        pygame.draw.rect(screen, self.color, self.rect)
        pygame.draw.rect(screen, black, self.rect, 2)
        label_text = font.render("Heater", True, black)
        label_rect = label_text.get_rect(center=(self.rect.centerx, self.rect.top - 20))
        screen.blit(label_text, label_rect)

# Button instantiation
button_on = Button("ON", (570, 400), blue, 'a')
button_off = Button("OFF", (570, 450), red, 'b')

# Main loop
running = True
temperature = "N/A"
humidity = "N/A"

while running:
    for event in pygame.event.get():
        if event.type == pygame.QUIT:
            running = False
        elif event.type == pygame.MOUSEBUTTONDOWN:
            if button_on.is_clicked(event):
                arduino.write(b'a')
            elif button_off.is_clicked(event):
```

프로그램 코드

```python
        elif button_off.is_clicked(event):
            arduino.write(b'b')

    if arduino.in_waiting > 0:
        line = arduino.readline().decode('utf-8').strip()
        if ", " in line:
            temperature, humidity = line.split(", ")

    screen.fill(white)

    # Draw greenhouse structure
    pygame.draw.rect(screen, white, (100, 200, 600, 300))
    pygame.draw.rect(screen, black, (100, 200, 600, 300), 2)
    pygame.draw.polygon(screen, white, [(100, 200), (400, 100), (700, 200)])
    pygame.draw.polygon(screen, black, [(100, 200), (400, 100), (700, 200)], 2)

    # Draw heater frame
    heater_frame = HeaterFrame()
    heater_frame.draw(screen)

    # Draw buttons
    button_on.draw(screen)
    button_off.draw(screen)

    # Display temperature and humidity
    temp_text = font.render(f"Temperature: {temperature} °C", True, black)
    hum_text = font.render(f"Humidity: {humidity} %", True, black)
    screen.blit(temp_text, (150, 250))
    screen.blit(hum_text, (150, 300))

    pygame.display.flip()
    pygame.time.Clock().tick(60)

# Pygame cleanup
pygame.quit()

# Close the serial communication
arduino.close()
```

실행결과 화면

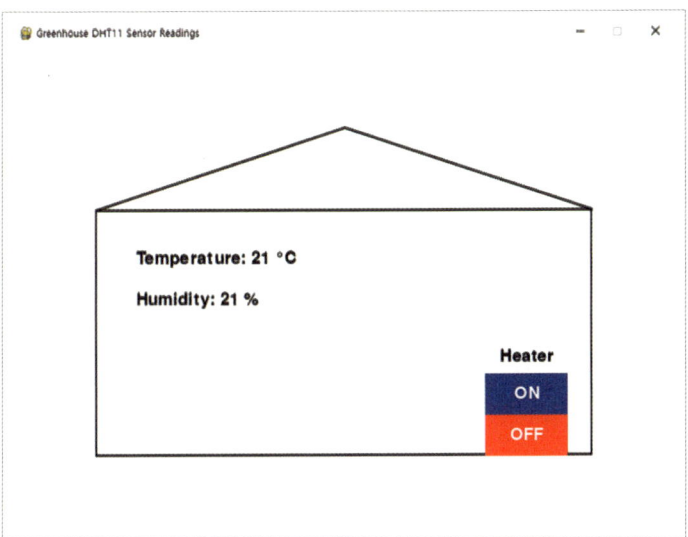

온습도 환경 계측과 제어하기

22 카메라 기능 추가하기

Pygame 라이브러리를 사용하여 온습도를 측정한 다음 릴레이를 통해 난방하는 프로그램에 카메라 기능을 추가하는 프로그램을 만들어 봅시다.

프로그램 코드

```python
import pygame
import serial
import time
import cv2
import numpy as np

# Pygame initialization
pygame.init()

# Screen setup
screen_size = (800, 600)
screen = pygame.display.set_mode(screen_size)
pygame.display.set_caption('Greenhouse DHT11 Sensor Readings and Camera Feed')

# Font and color setup
font = pygame.font.Font(None, 30)
button_font = pygame.font.Font(None, 30)
white = (255, 255, 255)
black = (0, 0, 0)
blue = (0, 0, 255)
red = (255, 0, 0)
green = (0, 255, 0)
gray = (128, 128, 128)

# Arduino serial communication setup
try:
    arduino = serial.Serial('COM25', 9600)  # Change to the actual
```

```
        connected port
        time.sleep(2)
    except serial.SerialException as e:
        print(f"Error opening the serial port: {e}")
        pygame.quit()
        exit()

# Button class definition
class Button:
    def __init__(self, text, pos, color, action):
        self.text = text
        self.pos = pos
        self.color = color
        self.action = action
        self.rect = pygame.Rect(pos[0], pos[1], 100, 50)

    def draw(self, screen):
        pygame.draw.rect(screen, self.color, self.rect)
        text_surf = button_font.render(self.text, True, white)
        text_rect = text_surf.get_rect(center=self.rect.center)
        screen.blit(text_surf, text_rect)

    def is_clicked(self, event):
        return self.rect.collidepoint(event.pos)

# Heater frame class definition
class HeaterFrame:
    def __init__(self):
        self.rect = pygame.Rect(570, 400, 100, 100)
        self.color = gray

    def draw(self, screen):
        pygame.draw.rect(screen, self.color, self.rect)
        pygame.draw.rect(screen, black, self.rect, 2)
        label_text = font.render("Heater", True, black)
        label_rect = label_text.get_rect(center=(self.rect.centerx, self.rect.top - 20))
        screen.blit(label_text, label_rect)

# Button instantiation
button_on = Button("ON", (570, 400), blue, 'a')
button_off = Button("OFF", (570, 450), red, 'b')

# OpenCV camera setup
```

프로그램 코드

```
cap = cv2.VideoCapture(1)

# Main loop
running = True
temperature = "N/A"
humidity = "N/A"

while running:
    for event in pygame.event.get():
        if event.type == pygame.QUIT:
            running = False
        elif event.type == pygame.MOUSEBUTTONDOWN:
            if button_on.is_clicked(event):
                arduino.write(b'a')
            elif button_off.is_clicked(event):
                arduino.write(b'b')

    if arduino.in_waiting > 0:
        line = arduino.readline().decode('utf-8').strip()
        if "," in line:
            temperature, humidity = line.split(",")

    screen.fill(white)

    # Draw greenhouse structure
    pygame.draw.rect(screen, white, (100, 200, 600, 300))
    pygame.draw.rect(screen, black, (100, 200, 600, 300), 2)
    pygame.draw.polygon(screen, white, [(100, 200), (400, 100), (700, 200)])
    pygame.draw.polygon(screen, black, [(100, 200), (400, 100), (700, 200)], 2)

    # Draw heater frame
    heater_frame = HeaterFrame()
    heater_frame.draw(screen)

    # Draw buttons
    button_on.draw(screen)
    button_off.draw(screen)

    # Display temperature and humidity
    temp_text = font.render(f"Temperature: {temperature} °C", True, black)
    hum_text = font.render(f"Humidity: {humidity} %", True, black)
    screen.blit(temp_text, (150, 250))
    screen.blit(hum_text, (150, 300))
```

```
# Capture camera frame
ret, frame = cap.read()
if ret:
    frame = cv2.cvtColor(frame, cv2.COLOR_BGR2RGB)
    frame = cv2.resize(frame, (200, 150))  # 작은 크기로 조정
    frame = np.rot90(frame)
    frame = pygame.surfarray.make_surface(frame)

    # 온실 내부에 화면 표시
    screen.blit(frame, (530, 50))  # 원하는 위치로 조정

pygame.display.flip()
pygame.time.Clock().tick(60)

# Pygame cleanup
pygame.quit()
```

	실행결과 화면

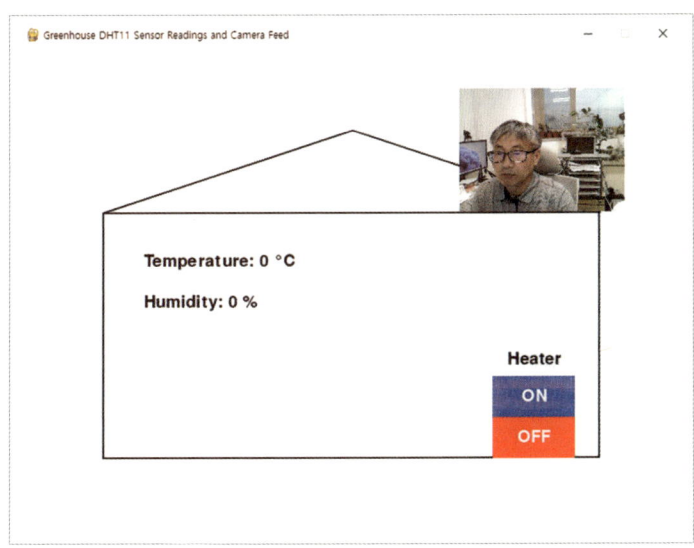

23 생육 모델링

Pygame 라이브러리를 사용하여 온습도를 측정한 다음 적산온도로 계산한 다음, 단위면적당 생산량(건물량)을 출력하는 프로그램을 개발하고자 합니다.

프로그램 코드

```python
import pygame
import serial
import time
import math
# Pygame initialization
pygame.init()
# Screen size settings
WIDTH, HEIGHT = 800, 600
screen = pygame.display.set_mode((WIDTH, HEIGHT))
pygame.display.set_caption("Plant Growth Simulator")
# Color definitions
GREEN = (34, 139, 34)
RED = (255, 0, 0)
BLUE = (0, 0, 255)
BLACK = (0, 0, 0)
WHITE = (255, 255, 255)
# Font settings
font = pygame.font.Font(None, 36)
# Arduino serial communication setup
try:
    arduino = serial.Serial('COM25', 9600)  # Change to the actual connected port
    time.sleep(2)
except serial.SerialException as e:
    print(f"Error opening the serial port: {e}")
```

다음 페이지에 계속

```python
        pygame.quit()
        exit()
# Initialize variables
accumulated_temperature = 0
previous_time = time.time()
running = True
temperature = "N/A"
humidity = "N/A"
simulation_running = False
previous_simulation_state = False
previous_accumulated_temperature = 0
previous_plant_biomass = 0
elapsed_time = 0  # 추가된 변수: 경과 시간
time_start = 0  # 추가된 변수: 시간 측정 시작 시간
paused_time = 0  # 추가된 변수: 일시정지된 시간
# Main loop
while running:
    for event in pygame.event.get():
        if event.type == pygame.QUIT:
            running = False
        elif event.type == pygame.MOUSEBUTTONDOWN:
            if event.button == 1:  # Left mouse button
                mouse_pos = pygame.mouse.get_pos()
                if 50 <= mouse_pos[0] <= 200 and 50 <= mouse_pos[1] <= 100:
                    if not simulation_running:
                        if paused_time != 0:  # 시작 버튼을 누르면 멈춘 시간부터 다시 시작
                            time_start = time.time() - paused_time
                            paused_time = 0
                        else:
                            time_start = time.time()
                            elapsed_time = 0
                        simulation_running = True
                elif 250 <= mouse_pos[0] <= 400 and 50 <= mouse_pos[1] <= 100:
                    simulation_running = False
                    if time_start != 0:
                        paused_time = time.time() - time_start
                        time_start = 0
                elif 450 <= mouse_pos[0] <= 600 and 50 <= mouse_pos[1] <= 100:
                    simulation_running = False
```

프로그램 코드

```python
            accumulated_temperature = 0
            previous_plant_biomass = 0
            elapsed_time = 0
            time_start = 0
            paused_time = 0
        if simulation_running:
            if time_start != 0:
                elapsed_time = int(time.time() - time_start)  # 시뮬레이션 실행 중일 때 경과 시간 업데이트
        else:
            if paused_time != 0:
                elapsed_time = int(paused_time)  # 일시정지된 시간을 elapsed_time에 반영
        # Read temperature and humidity values from Arduino
        if arduino.in_waiting > 0:
            line = arduino.readline().decode('utf-8').strip()
            if ", " in line:
                temperature, humidity = line.split(", ")
        # Convert strings to numbers
        try:
            temperature = float(temperature)
            humidity = float(humidity)
        except ValueError:
            temperature = 0
            humidity = 0
        # Initialize plant biomass and elapsed_time
        plant_biomass = previous_plant_biomass
        hour_in_seconds = 360
        day = 24
        if simulation_running:
            elapsed_time += 1  # 시뮬레이션 실행 시 경과 시간 증가
            accumulated_temperature += temperature / hour_in_seconds / day
            plant_biomass = (0.82 / 0.01 * math.log(1 + math.exp(0.01 * (accumulated_temperature - 470))))
        else:
            if previous_simulation_state:
                previous_accumulated_temperature = accumulated_temperature
                accumulated_temperature = previous_accumulated_temperature
                plant_biomass = previous_plant_biomass
        previous_simulation_state = simulation_running
```

```
    previous_plant_biomass = plant_biomass
    growth_time = elapsed_time / 18.4
    # Clear the screen
    screen.fill((255, 255, 255))
    # Display temperature, humidity, accumulated temperature, plant biomass, and current date
    temp_text = font.render(f"Temperature: {temperature} °C", True, BLACK)
    hum_text = font.render(f"Humidity: {humidity} %", True, BLACK)
    accum_temp_text = font.render(f"Accumulated Temp: {accumulated_temperature:.2f} °C", True, BLACK)
    biomass_text = font.render(f"Dry weight: {plant_biomass:.2f} g/m2", True, BLACK)
    time_text = font.render(f"Days after transplanting: {growth_time:.1f}  days", True, BLACK) # 경과 시간 표시
    # Display text on the screen
    screen.blit(temp_text, (150, 250))
    screen.blit(hum_text, (150, 300))
    screen.blit(accum_temp_text, (150, 350))
    screen.blit(biomass_text, (150, 400))
    screen.blit(time_text, (150, 450))
    # Draw start button
    pygame.draw.rect(screen, GREEN if not simulation_running else BLACK, (50, 50, 150, 50))
    start_text = font.render("Start", True, BLACK)
    screen.blit(start_text, (80, 60))
    # Draw stop button
    pygame.draw.rect(screen, RED if simulation_running else BLACK, (250, 50, 150, 50))
    stop_text = font.render("Stop", True, WHITE)
    screen.blit(stop_text, (290, 60))
    # Draw reset button
    pygame.draw.rect(screen, BLUE if not simulation_running else BLUE, (450, 50, 150, 50))
    reset_text = font.render("Reset", True, BLACK)
    screen.blit(reset_text, (490, 60))
    pygame.display.flip()
    pygame.time.Clock().tick(1000)
# Pygame cleanup
pygame.quit()
# Close the serial communication
arduino.close()
```

실행결과 화면

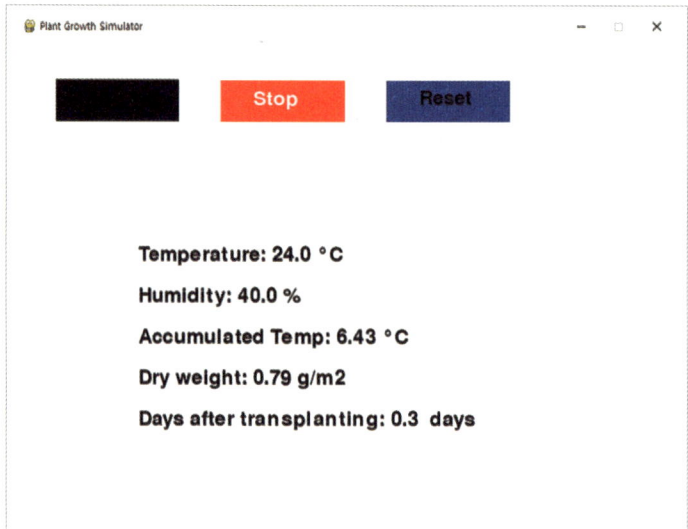

24 생육 모델링 배경 이미지

Pygame 라이브러리를 사용하여 온습도를 측정한 다음 적산온도로 계산한 다음, 단위면적당 생산량(건물량)을 출력하는 프로그램에 배경이미지를 넣어 봅시다.

프로그램 코드

```
import pygame
import serial
import time
import math
# Pygame initialization
pygame.init()
# Screen size settings
WIDTH, HEIGHT = 800, 600
screen = pygame.display.set_mode((WIDTH, HEIGHT))
pygame.display.set_caption("Plant Growth Simulator")
# Load background image
background_image = pygame.image.load('greenhouse.jpg')  # Update with the actual path to your image
background_image = pygame.transform.scale(background_image, (WIDTH, HEIGHT))
# Color definitions
GREEN = (34, 139, 34)
RED = (255, 0, 0)
BLUE = (0, 0, 255)
BLACK = (0, 0, 0)
WHITE = (255, 255, 255)
# Font settings
font = pygame.font.Font(None, 36)
# Arduino serial communication setup
```

다음 페이지에 계속

프로그램 코드

```python
try:
    arduino = serial.Serial('COM25', 9600)  # Change to the actual connected port
    time.sleep(2)
except serial.SerialException as e:
    print(f"Error opening the serial port: {e}")
    pygame.quit()
    exit()
# Initialize variables
accumulated_temperature = 0
previous_time = time.time()
running = True
temperature = "N/A"
humidity = "N/A"
simulation_running = False
previous_simulation_state = False
previous_accumulated_temperature = 0
previous_plant_biomass = 0
elapsed_time = 0  # 추가된 변수: 경과 시간
time_start = 0  # 추가된 변수: 시간 측정 시작 시간
paused_time = 0  # 추가된 변수: 일시정지된 시간
# Main loop
while running:
    for event in pygame.event.get():
        if event.type == pygame.QUIT:
            running = False
        elif event.type == pygame.MOUSEBUTTONDOWN:
            if event.button == 1:  # Left mouse button
                mouse_pos = pygame.mouse.get_pos()
                if 50 <= mouse_pos[0] <= 200 and 50 <= mouse_pos[1] <= 100:
                    if not simulation_running:
                        if paused_time != 0:  # 시작 버튼을 누르면 멈춤한 시간부터 다시 시작
                            time_start = time.time() - paused_time
                            paused_time = 0
                        else:
                            time_start = time.time()
                            elapsed_time = 0
                        simulation_running = True
                elif 250 <= mouse_pos[0] <= 400 and 50 <= mouse_pos[1] <= 100:
```

```
                    simulation_running = False
                    if time_start != 0:
                        paused_time = time.time() - time_start
                        time_start = 0
                elif 450 <= mouse_pos[0] <= 600 and 50 <= mouse_pos[1] <= 100:
                    simulation_running = False
                    accumulated_temperature = 0
                    previous_plant_biomass = 0
                    elapsed_time = 0
                    time_start = 0
                    paused_time = 0
    if simulation_running:
        if time_start != 0:
            elapsed_time = int(time.time() - time_start)  # 시뮬레이션 실행 중일 때 경과 시간 업데이트
    else:
        if paused_time != 0:
            elapsed_time = int(paused_time)  # 일시정지된 시간을 elapsed_time에 반영
    # Read temperature and humidity values from Arduino
    if arduino.in_waiting > 0:
        line = arduino.readline().decode('utf-8').strip()
        if ", " in line:
            temperature, humidity = line.split(", ")
    # Convert strings to numbers
    try:
        temperature = float(temperature)
        humidity = float(humidity)
    except ValueError:
        temperature = 0
        humidity = 0
    # Initialize plant biomass and elapsed_time
    plant_biomass = previous_plant_biomass
    hour_in_seconds = 360
    day = 24
    if simulation_running:
        elapsed_time += 1  # 시뮬레이션 실행 시 경과 시간 증가
        accumulated_temperature += temperature / hour_in_seconds / day
        plant_biomass = (0.82 / 0.01 * math.log(1 + math.exp(0.01 * (accumulated_
```

프로그램 코드

```
temperature - 470))))
    else:
        if previous_simulation_state:
            previous_accumulated_temperature = accumulated_temperature
            accumulated_temperature = previous_accumulated_temperature
            plant_biomass = previous_plant_biomass
    previous_simulation_state = simulation_running
    previous_plant_biomass = plant_biomass
    growth_time = elapsed_time / 18.4
    # Clear the screen
    #screen.fill((255, 255, 255))
    screen.blit(background_image, (0, 0))
    # Display temperature, humidity, accumulated temperature, plant biomass, and current date
    temp_text = font.render(f"Temperature: {temperature} °C", True, BLACK)
    hum_text = font.render(f"Humidity: {humidity} %", True, BLACK)
    accum_temp_text = font.render(f"Accumulated Temp: {accumulated_temperature:.2f} °C", True, BLACK)
    biomass_text = font.render(f"Dry weight: {plant_biomass:.2f} g/m2", True, BLACK)
    time_text = font.render(f"Days after transplanting: {growth_time:.1f}  days", True, BLACK)
# 경과 시간 표시
    # Display text on the screen
    screen.blit(temp_text, (150, 150))
    screen.blit(hum_text, (150, 200))
    screen.blit(accum_temp_text, (150, 250))
    screen.blit(biomass_text, (150, 300))
    screen.blit(time_text, (150, 350))
    # Draw start button
    pygame.draw.rect(screen, GREEN if not simulation_running else BLACK, (50, 50, 150, 50))
    start_text = font.render("Start", True, BLACK)
    screen.blit(start_text, (80, 60))
    # Draw stop button
    pygame.draw.rect(screen, RED if simulation_running else BLACK, (250, 50, 150, 50))
    stop_text = font.render("Stop", True, WHITE)
    screen.blit(stop_text, (290, 60))
    # Draw reset button
    pygame.draw.rect(screen, BLUE if not simulation_running else BLUE, (450, 50, 150, 50))
```

```
    reset_text = font.render("Reset", True, BLACK)
    screen.blit(reset_text, (490, 60))
    pygame.display.flip()
    pygame.time.Clock().tick(1000)
# Pygame cleanup
pygame.quit()
# Close the serial communication
arduino.close()
```

실행결과 화면

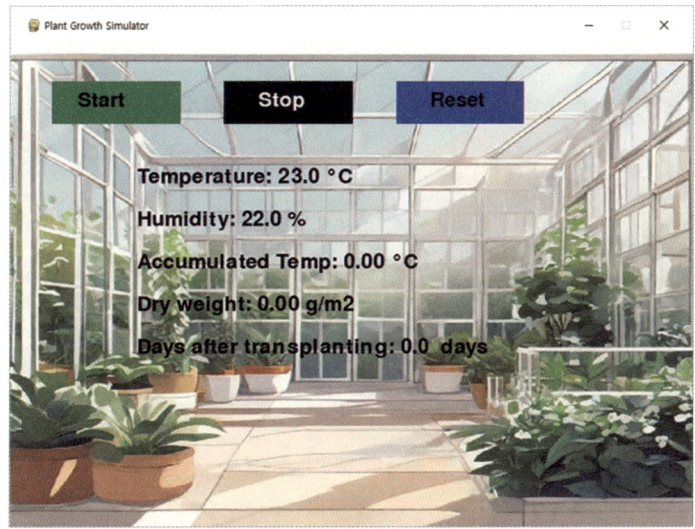

25 생육 모델링 파일 저장하기

Pygame 라이브러리를 사용하여 온습도를 측정한 다음 적산온도로 계산합니다. 그리고, 단위면적당 생산량(건물량)을 출력하는 프로그램 결과값을 파일로 저장합시다.

프로그램 코드

```python
import pygame
import serial
import time
import math
import csv

# Pygame initialization
pygame.init()

# Screen size settings
WIDTH, HEIGHT = 800, 600
screen = pygame.display.set_mode((WIDTH, HEIGHT))
pygame.display.set_caption("Plant Growth Simulator")

# Load background image
background_image = pygame.image.load('greenhouse.jpg')  # Update with the actual path to your image
background_image = pygame.transform.scale(background_image, (WIDTH, HEIGHT))

# Load plant image
plant_image = pygame.image.load('plant.png') # Update with the actual path to your plant image

# Color definitions
GREEN = (34, 139, 34)
```

```python
RED = (255, 0, 0)
BLUE = (0, 0, 255)
BLACK = (0, 0, 0)
WHITE = (255, 255, 255)

# Font settings
font = pygame.font.Font(None, 36)

# Arduino serial communication setup
try:
    arduino = serial.Serial('COM25', 9600)  # Change to the actual connected port
    time.sleep(2)
except serial.SerialException as e:
    print(f"Error opening the serial port: {e}")
    pygame.quit()
    exit()

# Open CSV file for logging
log_file = open('plant_growth_log.csv', 'w', newline='')
log_writer = csv.writer(log_file)
log_writer.writerow(['Time', 'Temperature', 'Humidity', 'Accumulated Temperature', 'Plant Biomass'])

# Initialize variables
accumulated_temperature = 0
previous_time = time.time()
running = True
temperature = "N/A"
humidity = "N/A"
simulation_running = False
previous_simulation_state = False
previous_accumulated_temperature = 0
previous_plant_biomass = 0
elapsed_time = 0  # 추가된 변수: 경과 시간
time_start = 0  # 추가된 변수: 시간 측정 시작 시간
paused_time = 0  # 추가된 변수: 일시정지된 시간

# Main loop
while running:
    for event in pygame.event.get():
```

프로그램 코드

```
            if event.type == pygame.QUIT:
                running = False
            elif event.type == pygame.MOUSEBUTTONDOWN:
                if event.button == 1:  # Left mouse button
                    mouse_pos = pygame.mouse.get_pos()
                    if 50 <= mouse_pos[0] <= 200 and 50 <= mouse_pos[1] <= 100:
                        if not simulation_running:
                            if paused_time != 0:  # 시작 버튼을 누르면 멈춤한 시간부터 다시 시작
                                time_start = time.time() - paused_time
                                paused_time = 0
                            else:
                                time_start = time.time()
                                elapsed_time = 0
                            simulation_running = True
                    elif 250 <= mouse_pos[0] <= 400 and 50 <= mouse_pos[1] <= 100:
                        simulation_running = False
                        if time_start != 0:
                            paused_time = time.time() - time_start
                            time_start = 0
                    elif 450 <= mouse_pos[0] <= 600 and 50 <= mouse_pos[1] <= 100:
                        simulation_running = False
                        accumulated_temperature = 0
                        previous_plant_biomass = 0
                        elapsed_time = 0
                        time_start = 0
                        paused_time = 0

    if simulation_running:
        if time_start != 0:
            elapsed_time = int(time.time() - time_start)  # 시뮬레이션 실행 중일 때 경과 시간 업데이트
    else:
        if paused_time != 0:
            elapsed_time = int(paused_time)  # 일시정지된 시간을 elapsed_time에 반영

    # Read temperature and humidity values from Arduino
    try:
        if arduino.in_waiting > 0:
            line = arduino.readline().decode('utf-8').strip()
```

```python
            if ", " in line:
                temperature, humidity = line.split(", ")
        except serial.SerialException as e:
            print(f"Error reading from the serial port: {e}")
            temperature = "N/A"
            humidity = "N/A"

        # Convert strings to numbers
        try:
            temperature = float(temperature)
            humidity = float(humidity)
        except ValueError:
            temperature = 0
            humidity = 0

        # Initialize plant biomass and elapsed_time
        plant_biomass = previous_plant_biomass
        hour_in_seconds = 360
        day = 24

        if simulation_running:
            elapsed_time += 1  # 시뮬레이션 실행 시 경과 시간 증가
            accumulated_temperature += temperature / hour_in_seconds / day
            plant_biomass = (0.82 / 0.01 * math.log(1 + math.exp(0.01 * (accumulated_temperature - 470))))
            log_writer.writerow([elapsed_time, temperature, humidity, accumulated_temperature, plant_biomass])
        else:
            if previous_simulation_state:
                previous_accumulated_temperature = accumulated_temperature
                accumulated_temperature = previous_accumulated_temperature
                plant_biomass = previous_plant_biomass

        previous_simulation_state = simulation_running
        previous_plant_biomass = plant_biomass
        growth_time = elapsed_time / 18.4

        # Clear the screen
        #screen.fill((255, 255, 255))
```

프로그램 코드

```python
screen.blit(background_image, (0, 0))

# Display temperature, humidity, accumulated temperature, plant biomass, and current date
temp_text = font.render(f"Temperature: {temperature} °C", True, BLACK)
hum_text = font.render(f"Humidity: {humidity} %", True, BLACK)
accum_temp_text = font.render(f"Accumulated Temp: {accumulated_temperature:.2f} °C", True, BLACK)
biomass_text = font.render(f"Dry weight: {plant_biomass:.2f} g/m2", True, BLACK)
time_text = font.render(f"Days after transplanting: {growth_time:.1f} days", True, BLACK)  # 경과 시간 표시

# Display alerts for extreme conditions
if simulation_running and (temperature < 10 or temperature > 35 or humidity < 30 or humidity > 80):
    alert_text = font.render("Warning: Unfavorable Conditions!", True, RED)
    screen.blit(alert_text, (150, 400))

# Display text on the screen
screen.blit(temp_text, (150, 150))
screen.blit(hum_text, (150, 200))
screen.blit(accum_temp_text, (150, 250))
screen.blit(biomass_text, (150, 300))
screen.blit(time_text, (150, 350))

# Draw plant image
plant_height = plant_biomass * 5  # Scale the plant height based on biomass
if plant_height > HEIGHT - 400:  # Ensure the plant does not grow too large for the screen
    plant_height = HEIGHT - 400
plant_image_scaled = pygame.transform.scale(plant_image, (100, int(plant_height)))
screen.blit(plant_image_scaled, (600, HEIGHT - plant_height - 50))

# Draw start button
pygame.draw.rect(screen, GREEN if not simulation_running else BLACK, (50, 50, 150, 50))
start_text = font.render("Start", True, BLACK)
screen.blit(start_text, (80, 60))

# Draw stop button
pygame.draw.rect(screen, RED if simulation_running else BLACK, (250, 50, 150, 50))
stop_text = font.render("Stop", True, WHITE)
screen.blit(stop_text, (290, 60))
```

```
# Draw reset button
pygame.draw.rect(screen, BLUE if not simulation_running else BLUE, (450, 50, 150, 50))
reset_text = font.render("Reset", True, BLACK)
screen.blit(reset_text, (490, 60))

pygame.display.flip()
pygame.time.Clock().tick(1000)

# Pygame cleanup
pygame.quit()

# Close the serial communication
arduino.close()

# Close the log file
log_file.close()
```

실행결과 화면

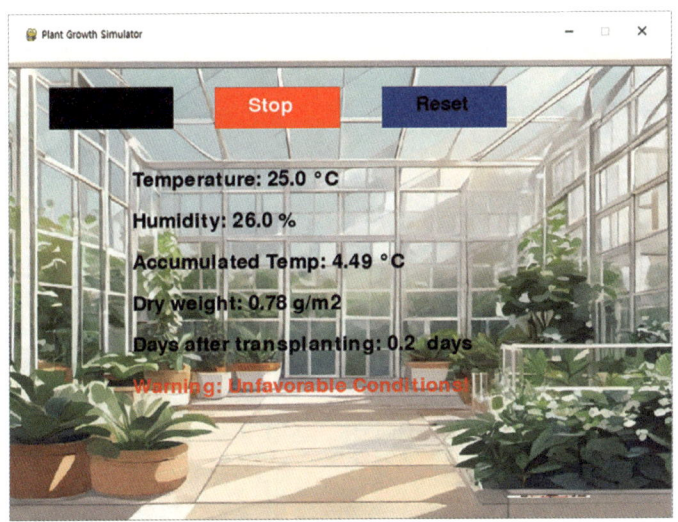

Horticulture & BIG DATA Interpretation
원예와 빅데이터 해석

발행일 2024년 10월 31일
저자   조영열
발행인 김일환
발행처 제주대학교 출판부

등록 1984년 7월 9일 제주시 제9호
주소 63243 제주특별자치도 제주시 제주대학로 102
전화 064-754-2278
팩스 064-756-2204
www.jejunu.ac.kr

제작 디자인신우
　　　　제주특별자치도 제주시 연미길82(오라삼동) · 064-746-5030

ISBN 978-89-5971-157-4
ⓒ 조영열 2024
정가 20,000원

※ 이 책은 저작권법에 따라 보호를 받는 저작물이므로 무단 전재와 복제를 금합니다.
※ 파손된 책은 구입하신 곳에서 교환해 드립니다.